农事指南系列丛书

# 辣椒产业关键实用技术 100 问

王述彬　潘宝贵　编著

中国农业出版社

北　京

图书在版编目（CIP）数据

辣椒产业关键实用技术100问／王述彬，潘宝贵编著
．—北京：中国农业出版社，2021.1（2021.9重印）
（农事指南系列丛书）
ISBN 978-7-109-27813-4

Ⅰ．①辣…　Ⅱ．①王…②潘…　Ⅲ．①辣椒—蔬菜园
艺—问题解答　Ⅳ．①S641.3-44

中国版本图书馆CIP数据核字（2021）第019465号

中国农业出版社出版

地址：北京市朝阳区麦子店街18号楼
邮编：100125
策划编辑：张丽四
责任编辑：贾　彬
责任校对：刘丽香
印刷：中农印务有限公司
版次：2021年1月第1版
印次：2021年9月北京第2次印刷
发行：新华书店北京发行所
开本：700mm×1000mm　1/16
印张：8.25
字数：135千字
定价：49.00元

# 农事指南系列丛书编委会

总 主 编　易中懿

副总主编　孙洪武　沈建新

编　　委（按姓氏笔画排序）

吕晓兰　朱科峰　仲跻峰　刘志凌

李　强　李爱宏　李寅秋　杨　杰

吴爱民　陈　新　周林杰　赵统敏

俞明亮　顾　军　焦庆清　樊　磊

# 丛书序

习近平总书记在2020年中央农村工作会议上指出，全党务必充分认识新发展阶段做好"三农"工作的重要性和紧迫性，坚持把解决好"三农"问题作为全党工作重中之重，举全党全社会之力推动乡村振兴，促进农业高质高效、乡村宜居宜业、农民富裕富足。

"十四五"时期，是江苏认真贯彻落实习近平总书记视察江苏时"争当表率、争做示范、走在前列"的重要讲话指示精神、推动"强富美高"新江苏再出发的重要时期，也是全面实施乡村振兴战略、夯实农业农村现代化基础的关键阶段。农业现代化的关键在于农业科技现代化。江苏拥有丰富的农业科技资源，农业科技进步贡献率一直位居全国前列。江苏要在全国率先基本实现农业农村现代化，必须进一步发挥农业科技的支撑作用，加速将科技资源优势转化为产业发展优势。

江苏省农业科学院一直以来坚持把推进科技兴农为己任，始终坚持一手抓农业科技创新，一手抓农业科技服务，在农业科技战线上，开拓创新，担当作为，助力农业农村现代化建设。面对新时期新要求，江苏省农业科学院组织从事产业技术创新与服务的专家，梳理研究编写了农事指南系列丛书。这套丛书针对水稻、小麦、辣椒、生猪、草莓等江苏优势特色产业的实用技术进行梳理研究，每个产业凝练出100个技术问题，采用图文并茂和场景呈现的方式"一问一答"，让读者一看就懂、一学就会。

丛书的编写较好地处理了继承与发展、知识与技术、自创与引用、知识传播与科学普及的关系。丛书结构完整、内容丰富，理论知识与生产实践紧密结合，是一套具有科学性、实践性、趣味性和指导性的科普著作，相信会为江苏农业高质量发展和农业生产者科学素养提高、知识技能掌握提供很大帮助，为创新驱动发展战略实施和农业科技自立自强做出特殊贡献。

农业兴则基础牢，农村稳则天下安，农民富则国家盛。这套丛书的出版，标志着江苏省农业科学院初步走出了一条科技创新和科学普及相互促进、共同提高的科技事业发展新路子，必将为推动乡村振兴实施、促进农业高质高效发展发挥重要作用。

2020 年 12 月 25 日

# 序

江苏省农业科学院组织编著出版《辣椒产业关键实用技术100问》，对指导辣椒生产的农业技术人员和从事辣椒生产的农民朋友具有非常重要的实用价值。

辣椒是我国第一大蔬菜作物，全国种植面积超过3200万亩*，占蔬菜总面积的10%左右，对我国蔬菜的周年供应、地区种植结构调整、农民致富起到了较好的促进作用。江苏辣椒种植面积130万亩，设施辣椒生产在全国辣椒生产中占有较重要的地位，特别是优质薄皮长灯笼椒的育种与生产，推动了我国辣椒产业发展。

在辣椒生产过程中，经常会有农民朋友问一些问题：如何选择优良品种？如何减轻连作障碍？如何防治病虫害？这些问题，正是椒农最为关心的问题，也是辣椒产业发展所面临的一些问题，值得我们辣椒研究人员一一解答。

王述彬同志的研究团队具有丰富的辣椒育种、栽培与生产经验，他们从江苏辣椒生产需要和辣椒产业发展需求出发编著本书，融合了优质、绿色、集约的发展理念，利用文字与图片相结合的方式，回答了老百姓最关心的问题，具有很强的针对性和实用性。

提高农民素质，培养造就新型农民队伍，确保农业后继有人，是农业产业发展中非常重要的一个环节。辣椒产业的发展同样如此。我相信，从事辣椒生产的农民朋友可从本书中学到一些较为实用的技术，付诸于实践后，能够实现辣椒生产的增产、增效。

2020 年 12 月 15 日

---

\* 亩为非法定计量单位，1 亩 =1/15 公顷。

# 前　言

　　辣椒（*Capsicum* spp.）原产中南美洲热带地区，作为重要的蔬菜作物和调味品，在世界范围内广泛种植。根据国家特色蔬菜产业技术体系统计，2018年我国辣椒播种面积超过210万公顷（3200万亩），在蔬菜作物中位居第一。

　　江苏省辣椒种植面积130万亩，其中90%以上为保护地栽培，10%左右为露地栽培，主要茬口有日光温室越冬茬、塑料大棚春提早茬、塑料大棚秋延后茬、露地麦椒越夏茬等。辣椒品种类型丰富、茬口类型多，产品消费群体广大，已成为各地发展农业产业优先选择的蔬菜作物。

　　江苏辣椒从20世纪80年代开始采用杂交一代品种，栽培面积迅速扩大，推动了辣椒产业的迅速发展。目前，江苏辣椒产业发展较为完备，辣椒生产面积基本稳定，设施栽培规模比例占优，设施专用品种类型丰富，简约化栽培技术得到集成应用，辣椒产品销售网络多样，辣椒加工企业正逐渐增加。

　　与此同时，由于辣椒品种、生产、加工等不能适应新的需求，不同程度限制了江苏辣椒产业的高质量发展。一是随着消费者更加注重蔬菜的口感和营养，高品质的辣椒品种会越来越受到市场的欢迎。二是江苏辣椒以设施栽培为主，但设施条件、水肥一体、温光调控、机械耕整、农药喷施等总体水平不高，难以满足简约化、省力化的管理。三是辣椒土壤连作障碍严重，土传性病害发生加重。四是劳动力紧缺，椒农的生产成本提高。五是江苏从事辣椒加工的企业数量不多，本地辣椒产品主要通过直销或粗加工后销往外地。

　　本书针对江苏省辣椒产业现状与需求，从辣椒产业发展、栽培制度安排、优良品种选择、优质壮苗培育、田间科学管理、病虫害绿色防控以及产品包装、贮运、加工等方面，选择100个与辣椒产业发展紧密相关的实际问题，进行详细解答。

在本书"品种选择"部分，介绍了辣椒生产品种的主要类型及主要品种。江苏省辣椒生产主要采用薄皮长灯笼椒和牛角椒类型品种，薄皮长灯笼椒要求耐低温、连续结果、皮薄、质脆、大果、微辣，牛角椒要求抗病、结果性能好（红椒栽培要求挂果集中）、外观好、肉厚、微辣。读者可以根据生产需求选用相应的品种。

俗话说"苗好三分收"，育苗是辣椒生产中一项非常重要的技术环节。在本书育苗技术章节，介绍了穴盘育苗的主要技术环节，包括苗床准备、穴盘与基质选择、种子处理、播种、苗期管理等。江苏辣椒生产，冬春季育苗以低温弱光为主，苗龄较长，夏秋季育苗以高温为主，读者可参考本书，对辣椒进行苗期的精心管理，实现优质壮苗培育。

在本书"栽培技术"部分，介绍了江苏省辣椒生产的茬口安排、土壤处理、整地做畦、定植及田间管理。江苏省辣椒以保护地生产为主，部分地区连作障碍较重，本书着重介绍了土壤障碍的成因及防控方法，以便读者参考使用。同时，在生产管理过程中，读者需要注意省力化、规范化的操作管理，前期要注重植株的发棵、发苗，开花结果盛期要加强温、光、水、肥管理，中后期要避免早衰，并根据市情行情及时采收上市，确保增产增效。

江苏省辣椒生产病害以病毒病、炭疽病、疫病、根腐病等为主，虫害以粉虱、蚜虫、青虫等为主。本书"病虫害绿色防控"部分，对辣椒病虫害的危害症状和综合防治方法做了详细解答。近些年来，连作导致根腐病、疫病、青枯病等土传病害发生严重，粉虱种群大防治不易，白绢病、疮痂病、细菌性叶斑病等非主要病害发生加重，读者需要认真对待，区分好真菌性病害与细菌性病害的差异、病毒病与螨虫危害的差异，做到对症用药、及时用药、科学用药。

本书融合了作者多年来辣椒育种、栽培、科技推广的实践经验，采用通俗易懂的语言、详细的配图，回答当前辣椒生产中的关键技术问题，具有很强的针对性和可操作性，可为辣椒生产一线的农技推广人员、生产人员提供有益参考。

辣椒产业包含的内容很多，本书只是针对江苏省辣椒产业需求，选择了100个问题进行解答，无法做到面面俱到，敬请读者谅解。读者若有好的建议或想法，也请联系本书作者，以便后续增补或修订。

由于作者水平有限，书中或有疏漏和不当之处，敬请同行专家、读者不吝批评指正。

王述彬

2020 年 10 月 31 日

# 目　录

丛书序

序

前言

第一章　辣椒产业概况 ……………………………………… 1

1.辣椒从哪里起源，如何传播? ………………………… 1

2.辣椒的植物学分类有哪些? …………………………… 1

3.辣椒主要植物学性状有哪些? ………………………… 3

4.辣椒生长发育周期如何? ……………………………… 4

5.辣椒生长发育对环境条件有什么要求? ……………… 5

6.我国辣椒产业现状与发展趋势如何? ………………… 6

7.江苏省辣椒的栽培历史如何? ………………………… 6

8.江苏辣椒分为哪些产区? ……………………………… 7

9.江苏特色辣椒产业有哪些? …………………………… 8

10.江苏辣椒产业发展趋势如何? ……………………… 9

11.江苏辣椒产业发展的限制因素有哪些? …………… 10

第二章　辣椒品种选择 …………………………………… 12

12.辣椒主要品种类型有哪些? ………………………… 12

13.薄皮长灯笼椒有哪些优良品种? …………………… 14

14.牛角椒有哪些优良品种? ·············· 16

15.羊角椒有哪些优良品种? ·············· 18

16.甜椒有哪些优良品种? ·············· 20

17.线椒有哪些优良品种? ·············· 23

18.螺丝椒有哪些优良品种? ·············· 25

19.辣椒加工选择哪些优良品种? ·············· 28

20.辣椒深加工选择哪些优良品种? ·············· 31

第三章　辣椒育苗技术 ·············· 35

21.选择辣椒育苗场所有哪些要求? ·············· 35

22.怎样整理苗床? ·············· 37

23.怎样制作冬春辣椒育苗电热苗床? ·············· 37

24.怎样选择辣椒育苗基质? ·············· 39

25.如何进行辣椒种子消毒处理? ·············· 41

26.如何进行辣椒催芽? ·············· 41

27.如何进行辣椒播种? ·············· 42

28.辣椒冬春季育苗应该注意哪些方面? ·············· 44

29.辣椒夏秋育苗如何管理? ·············· 46

30.如何避免辣椒徒长苗? ·············· 47

31.如何避免辣椒僵苗? ·············· 48

32.如何避免辣椒闪苗? ·············· 49

33.辣椒如何进行炼苗? ·············· 49

34.辣椒的壮苗标准是什么? ·············· 50

35.辣椒苗如何进行运输? ·············· 51

第四章　辣椒栽培技术 ·············· 53

36.辣椒日光温室栽培的茬口如何安排? ·············· 53

37.辣椒塑料大棚栽培的茬口如何安排? ·············· 54

38.辣椒露地栽培的茬口如何安排？ …………………………… 55

39.辣椒设施栽培连作障碍的原因有哪些？ ………………… 56

40.怎样克服辣椒设施栽培连作障碍？ ……………………… 57

41.辣椒棚室栽培如何进行高温闷棚？ ……………………… 58

42.辣椒棚室栽培如何进行石灰氮消毒？ …………………… 58

43.辣椒设施栽培的主要配套材料有哪些？ ………………… 59

44.如何进行辣椒基质栽培？ ………………………………… 60

45.辣椒栽培如何做畦？ ……………………………………… 61

46.怎样定植辣椒苗？ ………………………………………… 63

47.辣椒对营养元素有哪些要求？ …………………………… 64

48.辣椒的施肥原则怎样把握？ ……………………………… 64

49.辣椒生产如何施用底肥和追肥？ ………………………… 65

50.怎样进行辣椒的水肥一体化管理？ ……………………… 66

51.怎样进行棚室辣椒的温光调控？ ………………………… 67

52.怎样进行辣椒夏秋季避雨栽培？ ………………………… 68

53.辣椒怎样整枝？ …………………………………………… 68

54.辣椒发生畸形果的原因及防治方法有哪些？ …………… 70

第五章　辣椒病虫草害绿色防控 …………………………… 72

55.江苏辣椒生产的病虫害发生特点有哪些？ ……………… 72

56.辣椒病虫害防治原则是什么？ …………………………… 72

57.怎样利用农业措施防治辣椒病虫害？ …………………… 73

58.怎样利用物理措施防治辣椒病虫害？ …………………… 74

59.生物防治辣椒病虫害的优点与注意事项有哪些？ ……… 75

60.化学防治辣椒病虫害的原则有哪些？ …………………… 76

61.如何进行辣椒土传病害的综合防治？ …………………… 77

62.如何防治辣椒猝倒病？ …………………………………… 78

63.如何防治辣椒疫病? ·································· 79

64.如何防治辣椒病毒病? ···························· 80

65.如何防治辣椒炭疽病? ···························· 82

66.如何防治辣椒青枯病? ···························· 83

67.如何防治辣椒白粉病? ···························· 83

68.如何防治辣椒根腐病? ···························· 84

69.如何防治辣椒枯萎病? ···························· 85

70.如何防治辣椒灰霉病? ···························· 86

71.如何防治辣椒菌核病? ···························· 86

72.如何防治辣椒白绢病? ···························· 88

73.如何防治辣椒细菌性叶斑病? ················ 89

74.如何防治辣椒疮痂病? ···························· 90

75.如何防治辣椒根结线虫病? ···················· 91

76.如何防治辣椒脐腐病? ···························· 91

77.如防治烟粉虱? ······································ 92

78.如何防治蚜虫? ······································ 93

79.如何防治蓟马? ······································ 94

80.如何防治烟青虫? ··································· 94

81.如何防治茶黄螨? ··································· 95

82.如何区分辣椒病毒病和螨虫危害? ········· 96

83.如何区分辣椒主要真菌性病害和细菌性病害? ··· 97

84.如何区分辣椒叶片缺素症? ···················· 97

85.辣椒田间的杂草如何控制? ···················· 98

86.辣椒病害检索表? ··································· 99

### 第六章 辣椒产品收获与贮运 ·················· 101

87.辣椒如何采收? ······································ 101

88. 鲜辣椒产品如何分级？ ……………………… 102

89. 干红辣椒质量如何分级？ …………………… 103

90. 怎样进行红椒活体保鲜？ …………………… 103

91. 新鲜辣椒产品应如何贮藏？ ………………… 104

92. 如何进行辣椒的包装？ ……………………… 104

93. 辣椒的运输标准有哪些？ …………………… 106

第七章　辣椒产品加工 …………………………………… 107

94. 辣椒加工产品主要有哪些类型？ …………… 107

95. 辣椒干制的方法有哪些？ …………………… 108

96. 如何制作辣椒豆瓣酱？ ……………………… 108

97. 如何制作辣椒泡菜？ ………………………… 110

98. 如何制作辣椒脆片？ ………………………… 110

99. 如何加工辣椒素？ …………………………… 111

100. 如何加工辣椒红素？ ………………………… 111

参考文献 ……………………………………………………… 113

后记 …………………………………………………………… 114

# 第一章

## 辣椒产业概况

### ① 辣椒从哪里起源，如何传播?

辣椒（*Capsicum* spp.）起源于中南美洲热带地区。据考证，辣椒是人类种植的最古老的农作物之一，大概在公元前7000年时，就已经在南美洲生长。

辣椒传入中国的时间和路径目前仍然没有统一的认知。传统观点认为，辣椒传入中国的路径主要有两种：一是通过"丝绸之路"传入中国，在新疆、甘肃、陕西等地栽培；二是经过海路传入中国，在云南、广西等地栽培。

2020年，邹学校院士研究认为，辣椒从"丝绸之路"传入中国可能性不大，从东南亚海路传入也不是主要渠道。一年生辣椒（*C. annuum*）从浙江传入中国后，先传到华北，再到湖南和辽宁，以湖南作为次级传播中心，迅速向西南、西北及周边地区扩散，形成长江中上游嗜辣区，华北、东北、西北微辣区，华东、华南沿海淡辣区。灌木辣椒（*C. frutescens*）和中国辣椒（*C. chinense*）从中国台湾传入，再从台湾传到海南和云南。

### ② 辣椒的植物学分类有哪些?

1983年，国际植物遗传资源委员会（IBPGR）确定了辣椒属（*Capsicum*）的5个栽培种。不同栽培种具有不同的果实、花、种子（图1-1）。

（1）**一年生辣椒**（*C. annuum* L.）。起源于墨西哥，是栽培最广的一个种。依据花、果实的植物学特征，又将一年生辣椒分为6个变种，分别为灯笼椒（var. *grossum* Sent.）、长角椒（var. *longum* Sent.）、指形椒（var. *dactylus* M.）、短锥椒（var. *breviconoideum* Haz.）、樱桃椒（var. *cerasiforme* Irish）、簇生椒（var. *fasciculatum* Sturt.）。我国绝大多数辣椒品种均属于这个种。

（2）浆果状辣椒（*C. baccatum* L.）。起源中心在玻利维亚，已有4000年的栽培历史。

（3）中国辣椒（*C. chinense* Jacq.）。起源中心在南美洲，可能是南美安第斯西部最重要的栽培类型，它与灌木辣椒亲缘关系较近，分布也大体相同。海南黄灯笼辣椒、云南涮辣等属于这个种。

（4）灌木状辣椒（*C. frutescens* L.）。起源中心在南美洲，已有3000多年的栽培历史。云南小米辣、雀辣等属于这个种。

（5）绒毛辣椒（*C. pubescens* Ruiz. & Pav.）。可能起源于玻利维亚，主要分布于安第斯山区，系高原类型种类，具有很强的抗寒性，在海拔较低地区亦有栽培。

一年生辣椒
*C.annuum* L.

浆果状辣椒
*C. baccatum* L.

中国辣椒
*C. chinense* Jacq.

灌木状辣椒
*C. frutescens* L.

绒毛辣椒
*C. pubescens* Ruiz.& Pav.

图1-1　辣椒属的5个栽培种（潘宝贵　提供）

## ③ 辣椒主要植物学性状有哪些？

（1）**根**。辣椒属浅根系植物，由主根与侧根组成，主要分布于表土层，以地下10～25厘米最多。采用穴盘育苗，植株根系发达，定植后幼苗活棵快、成活率高，有利于早期产量的形成。在主茎基部，还可发生不定根；生产上常培土护根，促进根系生长，提高植株吸收营养和水分的能力。

（2）**茎**。辣椒主茎直立，较坚韧。主茎的节位数、节间长度因品种而异，与品种的熟性密切相关。主茎上每一个叶腋都有腋芽，并可萌发出新枝。主茎以上分枝多为二杈分枝，每个分杈处通常着生1个果实，呈几何级数增加。从第一分杈（主茎分杈）开始，着生的果实依次称之为"门椒""对椒""四门斗""八面风"等。辣椒有无限分枝和有限分枝两种类型；生产上栽培品种绝大部分为无限分枝类型，只要栽培条件适宜，可以持续开花结果；有限分枝类型株型较矮，通常用作观赏栽培。

（3）**叶**。辣椒叶片分为子叶和真叶。子叶对生，扁长椭圆形，刚出土时为浅黄色，逐渐转为绿色。真叶为单叶，互生，卵圆形、长卵圆形或披针形，先端渐尖，叶面光滑，稍具光泽，少数品种叶面密生绒毛。辣椒叶片大小因品种而异，叶片颜色和栽培条件密切相关。

（4）**花**。辣椒的花为两性花，单生、丛生或簇生。花萼为浅绿色，基部连成萼筒呈钟状，先端5～6齿。花冠由5～6片花瓣组成，花瓣为白色、绿白色或浅紫色，少数品种的花瓣具有绿黄色斑点。雄蕊由花药和花丝组成，基部合生，花药为蓝色、蓝紫色或紫色。雌蕊由柱头、花柱和子房组成，花柱多为白色、紫色。辣椒为常异花授粉作物，天然杂交率在10%左右。

（5）**果实**。辣椒果实为浆果，食用部位主要为果皮，由外果皮、中果皮和内果皮组成。果实有灯笼形、锥形、牛角形、羊角形、指形、线形、圆球形等多种形状（图1-2）。辣椒嫩果颜色有浅黄色、浅绿色、绿色、深绿色、紫色，老熟果转为红色、橙黄色。果实质量因品种而异，从数克到数百克不等。辣椒的胎座不发达，一般有2～4个种室。辣椒素类物质（capsaicinoid）产生果实的辣味，主要成分有辣椒素（capsaicin）、二氢辣椒素（dihydrocapsaicin）等。辣椒的辣度与品种、栽培环境密切相关，最低为0，最高可达318万斯科维尔（scovill heat units，SHU）。

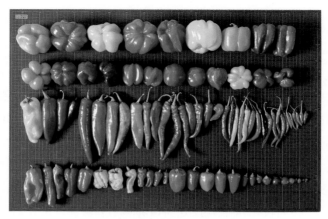

图 1-2　辣椒果实（郭广君　提供）

（6）种子。辣椒种子主要着生在胎座上，少数着生在种室隔膜上。种子短扁平肾形，淡黄色，略具光泽，少数品种的种子黑色。辣椒种子的大小因品种不同差异较大，一般千粒重6～7克。经充分干燥后的种子，密封包装，−4℃条件可贮存10年左右，室温条件可贮存3～4年。生产上最好使用采种后1～2年的种子。

## 4　辣椒生长发育周期如何？

（1）发芽期。从种子萌动到第一片真叶露心，先后经历种子吸水膨胀、胚根生长、下胚轴伸长、子叶出土等进程，在适宜的温度、湿度条件下需要7～10天。这一时期植株由自养向异养过渡，开始吸收和制造营养物质，但生长量较小。实际生产中，通常采用浸种催芽的方法，以保证种子充分吸水、出苗整齐一致。

（2）幼苗期。从第一片真叶显露到第一朵花现蕾，冬春季需要50～70天，夏秋季需要30～40天。幼苗长有3～4片真叶时，即开始花芽分化。较大的昼夜温差、充足的土壤养分和适宜的温度有利于花芽分化。生产中，通过调节温、光、水、肥等措施，培育适龄壮苗供应生产，高度14～20厘米，主茎粗度0.3～0.4厘米，叶片数8～10枚，生长点孕育有多枚叶芽和花芽。

（3）**开花结果期**。从第一朵花开花坐果到采收结束，可分为结果初期、结果盛期和结果末期。开花结果期的长短与品种特性、种植茬口、栽培模式等密切相关，塑料大棚春提早栽培70～80天，日光温室长季节栽培180天以上。初期是早熟栽培前期产量形成的重要时期，也是整体产量形成的基础，需要有充足的营养条件和适宜的栽培条件，促进植株健壮生长，为中后期打下基础。结果盛期是辣椒产量形成的重要时期，生产上通过温光调控、追肥补水、整枝吊蔓、综合防控、及时采收等多种方法，充分发挥植株持续开花结果的性能。

## ⑤ 辣椒生长发育对环境条件有什么要求？

（1）**温度**。辣椒生长发育的适宜温度为20～30℃，持续高于35℃或持续低于15℃均可能导致植株生长障碍。发芽期的适宜温度为25～30℃。幼苗期适宜温度白天为25～30℃、夜间为20～22℃，可避免徒长苗和僵苗的发生，有利于壮苗的培育。开花结果期最适宜温度为白天26～28℃、夜间18～20℃、昼夜温差6～10℃，有利于植株持续开花结果。冬春季生产通过辅助加温、多层覆盖、控制湿度等方法增温保温，夏季生产采用遮阳网遮阴降温。

（2）**光照**。辣椒为喜光植物，光饱和点为30000勒克斯，光补偿点为1500勒克斯。苗期和开花结果期都要求有充足的光照。一年生辣椒对日照长短要求不严格，只要温湿度适宜、营养条件好，不同日照条件下均能开花结果，但较长的日照有利于开花结果。辣椒冬春季生产中，需要选用耐受低温、弱光照逆境条件的品种，减少落花落果。

（3）**水分**。辣椒根系浅，既不耐旱，也不耐涝，对水分要求严格。土壤相对含水量80%左右有利于辣椒的生长发育；土壤水分过多，如大水漫灌、田间积水，常导致辣椒植株"沤根"，且极易诱发辣椒根部病害的发生，常导致幼苗或成株连片死棵。空气湿度为60%～80%时，辣椒生长状态良好，坐果率高，不易发生病害。

（4）**营养**。辣椒对氮、磷、钾元素有较高的要求，还需要钙、镁、硼、锰、铁等中微量元素。每生产5000千克辣椒，约需氮26.5千克、磷7千克、钾

35千克。幼苗期需肥较少，但养分要全面，否则妨碍花芽分化；开花结果期需肥量较大，生产中每采收1～2次即追肥1次，以促进持续开花坐果。

（5）土壤。土质疏松、肥沃、保水、透气性好的土壤，有利于辣椒的生长发育。在生产中，要求与非茄科作物轮作，最好选用水（湿）旱轮作的地块，如稻椒轮作，可以有效降低土传病害的发生，有利于辣椒的高产和稳产。辣椒对土壤的酸碱性反应敏感，在中性或微酸性（pH 6.2～7.2）的土壤中生长良好。

## 6 我国辣椒产业现状与发展趋势如何？

我国辣椒产业的快速发展起始于21世纪初，年播种面积由1000万亩（约占蔬菜面积6%），到2010年约2600万亩（约占蔬菜面积9%），再到目前年播种面积基本稳定在3200万亩（约占蔬菜面积10%）。我国辣椒以露地栽培为主，约占70%，设施栽培面积占30%（塑料大棚20%，中小棚5%，温室5%），平均鲜椒亩产量约2吨（1.1～6.5吨/亩）。近年辣椒出口总量约28万吨（干椒18万吨，鲜椒10万吨）。

2000年以后，以贵州老干妈为代表的辣椒酱加工企业和以河北晨光为代表的辣椒精深加工企业迅速崛起，带动我国辣椒产业继续发展。由于国际市场对干辣椒及辣椒加工出口产品需求量增加，我国辣椒产品的出口量也在逐步增加，促进了我国辣椒产业的快速发展。

因交通条件的改善，辣椒生产快速向优势产区转移，生态环境更加有利于辣椒的生长发育，加上栽培技术、人们消费水平的提高，以微辣薄皮椒、螺丝椒等为代表的高品质辣椒得到快速发展。辣椒产业的发展为蔬菜的周年供应、农民增收起到了积极作用。

## 7 江苏省辣椒的栽培历史如何？

江苏种植辣椒的历史较短，大约于18世纪末19世纪初开始种植辣椒。
20世纪70年代前，江苏辣椒生产采用露地栽培方式，采用地方品种或引进品种，如南京早椒（黄壳早椒、黑壳早椒）、泰州海陵椒、海门小红椒、苏州蜜早椒、上海茄门等。

1972年，江苏省农业科学院蔬菜研究所、南京市蔬菜局和南京市雨花台区红花乡，以南京早椒为母本、上海茄门为父本，育成我国第一个辣椒杂交一代品种早丰1号，并在生产上推广应用。

20世纪80年代初开始，江苏各地推广辣椒"三膜两帘"种植模式，辣椒品种也由常规品种向杂交品种快速转化，苏椒2号、苏椒3号、苏椒5号等辣椒品种得到了大面积推广应用（图1-3）。

图1-3　苏椒5号（刘金兵　提供）

2000年之后，江苏辣椒生产面积逐年加大，品种类型也开始多样化，主要品牌有苏椒、湘研、汴椒、洛椒、超越等，主要品种有苏椒14、苏椒15号、苏椒16号、苏椒17号、苏椒1614、巨无霸、苏椒103号、江蔬4号、先红1号、好农11、洛椒188等。

 江苏辣椒分为哪些产区？

根据《全国蔬菜产业发展规划（2011—2020年）》，江苏北部地区属于黄淮海与环渤海设施蔬菜优势区域，江苏中南部属于长江流域冬春蔬菜优势区域。

江苏省辣椒种植面积约8.7万公顷（130万亩）左右，位列全国第8位，其中90%以上为日光温室、塑料大棚等保护地栽培，10%左右为露地栽培。根据辣椒种植面积大小和规模化生产程度，可将江苏省辣椒生产分为3个产区。

（1）主产区。主要在徐州市、淮安市、盐城市、连云港市、宿迁市，约占全省面积比例60%，主要采用日光温室、塑料大棚栽培，少量采用露地栽培。

（2）次产区。主要在扬州市、泰州市、南通市，约占全省辣椒面积的30%，主要采用塑料大棚栽培，少量露地栽培。

（3）辅产区。主要在南京市、镇江市、苏州市、常州市、无锡市，约占全省辣椒面积的10%，主要采用塑料大棚栽培。

## ❾ 江苏特色辣椒产业有哪些？

（1）淮安红椒。核心区位于淮安市清江浦区，早在20世纪80年代初，采用"三膜二帘"（地膜、中棚膜、大棚膜、中棚帘、大棚帘）种植红椒，2010年获得国家农产品地理标志登记。目前种植面积约40万亩，品种有苏椒14、好农11、先红1号、洛椒188等，以塑料大棚秋延后茬口生产为主，6～7月播种育苗，11月中下旬至翌年3月中下旬采收，年产量120万吨，红椒产品销往全国各地（图1-4）。

图1-4 淮安红椒（王述彬 提供）

（2）**沈灶辣椒。**核心区位于东台市南沈灶镇，2019年获得国家农产品地理标志登记。目前年种植面积1.8万亩，采用大棚多层保护地种植，品种以巨无霸、湘研13号等牛角椒为主，产区包括南沈灶镇、许河镇、三仓镇、头灶镇等地，年产量36万吨，效益15亿元。

（3）**盐东羊角椒。**核心区位于盐城市亭湖区盐东镇，2016年获得国家农产品地理标志登记。常年种植面积3万～4万亩，以细羊角形辣椒品种为主，如盐东1号等，鲜食、加工兼用，采用"油菜–椒"或"麦–椒"露地茬口生产，产区辐射东台、大丰、射阳、滨海等沿海乡镇。辣椒产品8～10月上市，主销上海、南京、武汉等地；红椒初加工产品主销四川、湖南等地。

## 10 江苏辣椒产业发展趋势如何？

（1）**生产面积基本稳定，区域化布局逐步形成。**江苏目前辣椒栽培面积约130万亩，主要在徐州、淮安、连云港、盐城、宿迁等地生产，形成了相对稳定的区域化生产。如淮安市清江浦区的淮安红椒，以大棚秋延后栽培为主，常年种植面积稳定在40万亩左右。

（2）**设施栽培规模比例不断扩大。**日光温室、塑料大棚辣椒的生产规模将不断扩大，露地辣椒的生产规模将日益减少，辣椒的生产和市场供应将日趋均衡。设施栽培具有栽培环境易于控制、产品质量好、受自然条件影响小、栽培期长、产量高、效益高的特点，可以根据市场需求灵活调节生产时间和产品上市时间，避免产品的上市过于集中而影响经济收入，是辣椒高产高效栽培的发展方向。

（3）**不同栽培形式需要不同类型品种。**栽培方式与生产目的不同，对品种要求也不同，从而适应辣椒规模化、集约化生产的发展。保护地冬春栽培要求早熟、耐低温、抗病性强、优质、高产等，保护地秋冬栽培要求生长势强、抗病性强、高产、耐贮运等，露地栽培要求抗逆性强、抗病性强、高温坐果性好等。

（4）**简约化栽培技术的集成与应用。**随着劳动力成本持续升高，辣椒生产同样需求配套高效生产技术，并形成相适应的操作管理规程，如穴盘育苗技术、嫁接育苗技术、微滴灌技术、水肥一体化技术、无土栽培技术等，将逐渐在生产中得到集成与应用。

（5）**辣椒产品的安全性越来越受到重视**。近年来，人们对蔬菜的品质尤其是蔬菜的安全特别重视。国内已实行蔬菜市场准入制，而国际市场绿色壁垒更加严重。辣椒的生产必须遵循绿色生产的规范流程，科学管理，以优质与安全的产品供应市场。

（6）**辣椒实行标准化生产已是大势所趋**。随着商品经济发展，辣椒生产正逐渐从一家一户的个体生产向规模化、集约化的生产模式发展，统一供种、统一育苗、统一管理、统一销售的产业模式将逐步成为主流。辣椒实行标准化生产，可有效控制辣椒的产地环境，控制化肥、农药的使用，确保辣椒进行优质、安全、高效的生产，从而适应辣椒规模化、集约化的发展趋势。

##  11 江苏辣椒产业发展的限制因素有哪些？

（1）**优质品种不够丰富**。目前市场上虽有一些高品质的辣椒品种，但仍然满足不了消费者的需求，随着消费者更加注重蔬菜的口感和营养，高品质的辣椒品种会越来越受到市场的欢迎。市场上类似品种很多，品种同质化程度很高。2017年，《非主要农作物品种登记办法》实施，要求不得推广应当登记而未经登记的农作物品种。生产中，仍有未登记的伪劣辣椒品种在市场流通，甚至给椒农造成不小的损失。

（2）**辣椒设施水平和装备水平有待提高**。江苏辣椒90%以上采用日光温室、塑料大棚栽培，但部分设施构型简易甚至简陋，水肥一体、温光调控、机械耕整、农药喷施等装备总体水平不高，无法有效满足辣椒生产中水、肥、光、药等简约化、省力化的管理。

（3）**辣椒病虫害发生加重**。江苏省辣椒90%以上采用保护地栽培，导致部分地区土壤连作障碍严重，辣椒疫病、青枯病、根腐病等土传性病害加重。近年来，番茄斑点萎蔫病毒病（TSWV）、辣椒轻斑驳病毒病（PMMoV）等外来新型流行病害在多个地区被检测到；炭疽病、疫病、白粉病、细菌性叶斑病、黄瓜花叶病毒病（CMV）、烟草花叶病毒病（TMV）等传统病害出现了新的株系。烟粉虱、蓟马等害虫繁殖速度快、种群数量庞大，经常给辣椒生产带来不同程度的损失。

（4）**劳动力紧缺**。近5年辣椒制种的用工成本平均增长了1倍多，导致制种成本连年提高。分散育苗耗费劳动力较多，商业化育苗、订单式育苗发展较快。商品果采收劳动力占到很大比重，椒农的生产成本提高。

（5）**辣椒加工企业严重不足**。江苏省辣椒生产以鲜食为主，其中10%为露地辣椒生产，主要选用加工类型的辣椒品种，但江苏从事辣椒加工的企业数量很少，本地生产的辣椒产品主要通过初步清洗切碎后的粗加工后销往外地。

# 第二章
# 辣椒品种选择

## 12　辣椒主要品种类型有哪些?

辣椒品种按照果实形状可分为灯笼椒、牛角椒、羊角椒、线椒、螺丝椒等类型，按照产品用途可分为鲜食椒类型和加工椒类型，按照商品果颜色可分为青椒、红椒、白椒、黄椒、紫椒等类型（图2-1）。

图 2-1　彩色甜椒（王述彬　提供）

（1）**薄皮椒品种**。主要在江苏、山东、安徽、湖北、海南、辽宁等地种植，多为保护地栽培，鲜食为主。早熟，耐低温弱光，果实长灯笼形，纵径12～18厘米，横径4～5厘米，浅绿色或绿色，纵棱明显，果皮薄，微辣，口感好，中抗病毒、疫病、炭疽病。品种有苏椒5号、苏椒17号、苏椒1614、豫艺818、沈椒4号、沈椒5号、鄂玉兰椒等。

（2）**牛角椒品种**。在长江流域、黄淮海地区、华南地区等地种植，保护地栽培或露地栽培，鲜食为主。日光温室长季节栽培，果实纵径30厘米左右，横径4.5厘米以上。品种有37-74、喜羊羊、亮剑、国福428、国福909、寿研梦杨、帝王8号、胜冬1号、金美808、海丰长剑、辣伙伴701等。大棚春季栽培，纵径20～30厘米，横径5厘米左右，品种有巨无霸、中椒6号、豫艺301、福湘新秀等。大棚秋延后栽培，纵径15～20厘米，横径5厘米左右，红椒上市为主，品种有大果99、先红1号、好农11号等。

（3）**羊角椒品种**。在华北、东北、华东、海南、广东、广西等地种植，多为露地栽培，鲜食为主。果实纵径18～25厘米，横径3厘米左右，肉厚0.25厘米以上，辣度适中，顺直，中抗病毒病、疫病。品种有湘研15号、兴蔬2154、兴蔬19号、萧新3号、博辣5号、茂椒5号、青博瑞等。

（4）**甜椒品种**。主要在华北、东北、华东、南菜北运基地等地种植，保护地或露地栽培，鲜食为主。方灯笼形或高灯笼形，单果质量120～200克，4心室为主，果形方正，保护地栽培要求耐低温弱光，露地栽培要求抗病抗逆性好。品种有中椒115号、中椒1615号、龙椒11号、冀研20号、冀研108号、海丰17号、景椒3号、川甜1号等。

（5）**线椒品种**。在西北、华南、西南、长江流域、黄淮海地区等地种植，露地栽培为主，鲜食或加工。果实纵径25～35厘米，横径2厘米左右，单果质量18～30克左右，辣味强，3万斯科维尔以上，果实顺直，中抗病毒病、炭疽病、疮痂病。品种有改良8819、辣丰4号、博辣7号、博辣皱线1号、博辣皱线4号、博辣皱线5号、辣天下23号、辣天下27号、顺尖97等。

（6）**螺丝椒品种**。主要在甘肃、陕西、青海、广东、广西、海南等地种植，西北地区以保护地栽培为主，广东、广西、海南等以露地栽培为主。果实纵径25～30厘米，横径3厘米以上，单果质量50～100克，中抗病毒病、疫病。品种有陇椒10号、金椒12号、海迈5320、甘科4号、青螺618等。

（7）**加工品种**。在河南、河北、贵州、云南、吉林、陕西、天津、安徽、山东、内蒙古、新疆、四川、湖南、重庆等地种植，露地栽培。果实纵径8～10厘米，干椒单产250千克以上，辣度4万斯科维尔以上，中抗病毒病、疮痂病和疫病。品种有辛香8号、小米椒、艳椒425、酱椒52、红安6号、红安8号、博辣红牛、博辣15号、山樱椒、益都红、遵辣9号、红源7号、青红11、天红204、比干红等。

（8）**深加工品种**。在新疆、云南等地种植，露地栽培，采用机械一次性收获，用于提取辣椒红色素或辣椒素。植株直立，成熟期一致，高辣椒红色素品种的色价在14以上，高辣椒素品种的辣椒素含量在6万斯科维尔以上，亩产干椒300千克以上，抗病抗逆。品种有美国红、红安6号、博辣红牛等。

## 13 薄皮长灯笼椒有哪些优良品种？

（1）**苏椒1614**（图2-2）。江苏省农业科学院蔬菜研究所选育。早熟，耐低温耐弱光，分枝能力强，挂果多，果实长灯笼形，微皱，光泽好，青熟果黄绿色，老熟果鲜红色，果实纵径18～20厘米，果肩横径5～6厘米，单果质量100～120克，味微辣，肉薄质脆，适合冬春保护地栽培。

图2-2 苏椒1614（王述彬 提供）

（2）**苏椒17号**（图2-3）。江苏省农业科学院蔬菜研究所选育。早熟，植株生长势强，果实长灯笼形，纵径10.3厘米左右，果肩横径4.8厘米，果肉厚0.27厘米，单果质量45克以上，青熟果绿色，微辣，品质佳。耐低温耐弱光性好，适合长江中下游、黄淮海等地区作冬春季保护地栽培。

图2-3　苏椒17号（王述彬　提供）

（3）**苏椒16号**。江苏省农业科学院蔬菜研究所选育。早熟，始花节位9.6节，植株生长势强。果实长灯笼形，纵径15～16厘米，果肩横径4.8厘米，果肉厚0.3厘米，平均单果质量62.1克，青熟果绿色，成熟果红色，果面光滑，微辣，品质好。抗青枯病、疫病，耐低温耐弱光性好，抗逆性较强，前期产量高，适合长江中下游、黄淮海等地区冬春季保护地栽培。

（4）**豫艺818**。河南豫艺种业科技发展有限公司选育。中早熟，始花节位8～9节，生长势中强，果实牛角型，绿色，单果质量150克，果实纵径25～31厘米，果肩横径5.5～6厘米，味微辣。中抗病毒病、疫病、炭疽病。适宜河南、河北、安徽、江苏、湖北、甘肃、山西等地早春或秋延保护地种植。

（5）**沈椒4号**。沈阳市农业科学院选育。极早熟，始花节位9～10节，植株长势强，果实长灯笼形，纵径10.5～12.5厘米，横径5.5～7.5厘米，果色绿，果面略皱，微辣，果肉厚0.35厘米，单果质量60.0克，坐果率高，果实膨大速度快，连续坐果能力强，抗逆性强，适宜辽宁地膜覆盖栽培、保护地栽培。

## 14 牛角椒有哪些优良品种？

（1）**胜寒740**（图2-4）。北京市农林科学院蔬菜研究中心选育。中早熟，植株开展度中等，生长旺盛。连续坐果性强，耐寒性好，果实长牛角形，果形顺直，果面光滑。商品果淡绿色，成熟后转红色。在正常温度下，果实纵径可达24～30厘米，横径5.2厘米左右，外表光亮，商品性好。单果质量120～170克，辣味中。抗病毒病能力强。适合秋冬茬、早春茬保护地以及日光温室一大茬种植。

图2-4　胜寒740（陈斌　提供）

（2）**冀研20号**（图2-5）。河北省农林科学院经济作物研究所选育。利用雄性不育系育成，早熟，植株生长势强，始花节位8.4节，果实长牛角形，黄绿色，果面光滑顺直，纵径25.8厘米，横径4.3厘米，平均单果质量130克，最大可达160克，微辣，商品性好，较耐低温弱光，抗病毒病、疫病。春提前栽培亩产4600千克，秋延后栽培亩产3400千克。适宜在河北、山东、河南等地作春提前和秋延后设施栽培。

图2-5　冀研20号（严立斌　提供）

（3）苏椒14号（图2-6）。江苏省农业科学院蔬菜研究所选育。早熟，始花节位约10节。植株生长势强，叶色深绿色，株高50厘米左右，开展度55厘米左右。嫩果牛角型，绿色，果面平滑有光泽，微辣，转红速度快，食用口味好。纵径15.3厘米左右，果肩横径4.0厘米左右，果形指数3.5，果肉厚0.28厘米左右，单果质量57.0克左右。抗病毒病、炭疽病。适宜在江淮地区秋延后保护地栽培。

图2-6　苏椒14（刘金兵　提供）

（4）**好农11**。河南红绿辣椒种业有限公司选育。早中熟，青熟果绿色，老熟果为红色；红果果肉致密硬度高，变软慢，耐贮藏运输，货架期长。果实为粗牛角形，纵径15～17厘米，横径5.5～6厘米，单果质量130克左右，果肩平，头部马嘴形或钝圆形，3心室为主。果实辣味中等偏轻。维生素C含量1.52毫克/克，辣椒素含量0.10%。中抗烟草花叶病毒病、疫病、炭疽病，抗疮痂病，抗低温能力较强，抗高温能力中等。适宜在安徽、江苏秋延后保护地种植。

（5）**寿研梦扬**。山东寿光蔬菜种业集团有限公司选育。植株长势旺盛，连续坐果性好。果实为长羊角形，纵径25～30厘米，横径3～4厘米，果色黄绿色，成熟果红色。外表光亮，商品性好，耐贮运。单果质量100克左右，辣味浓。抗烟草花叶病毒病，抗疫病。适合河南等地区早春、秋延迟保护地栽培。

## 15 羊角椒有哪些优良品种？

（1）**湘研15号**。湖南湘研种业有限公司选育。中熟，第一花节位12～13节，植株生长势中等，果实小牛角形，果顶尖，纵径16～19厘米，横径3.0～3.6厘米，果肉厚0.28～0.31厘米，单果质量36～39克，青果为绿色，成熟果为深红色，味辣。维生素C含量1.6毫克/克，辣椒素含量0.11%。中抗病毒病，抗疫病、炭疽病。适宜在海南、广东、广西作秋冬季露地栽培，也适宜在湖南、山东、贵州、四川、河南春夏季露地栽培。

（2）**青博瑞**。镇江市镇研种业有限公司选育。果实羊角形，纵径30～35厘米，横径3.5厘米左右，果肉厚0.26厘米左右，单果质量70克左右；青果绿色，果肩皱，果皮薄，味香辣，膨果速度快，连续坐果能力强。维生素C含量1.344毫克/克，辣椒素含量0.32%。抗黄瓜花叶病毒病，中抗烟草花叶病毒病，抗疫病，抗炭疽病，抗逆性较强。适宜在云南、广东、海南、湖南、湖北、江西、江苏、浙江春秋保护地及露地种植。

（3）**博辣5号**（图2-7）。湖南省蔬菜研究所选育。晚熟，纵径20厘米左右，横径约1.4厘米，单果质量约20克，果身匀直，果皮深绿色，少皱，果表光亮，红果颜色鲜亮，口感好，食味极佳，耐运输。宜鲜食或酱制加工。抗病抗逆能力强，适应性广。

图 2-7 博辣 5 号（陈文超 提供）

（4）辛香2号。江西农望高科技有限公司选育。果实细羊角形，青果淡绿色，熟后鲜红，果面微皱，果色光亮。纵径 14～16 厘米、横径 1.9～2.1 厘米、果肉厚约 0.2 厘米，平均单果质量 21 克左右。维生素 C 含量 0.9174 毫克 / 克，辣椒素含量 0.32%，干物质含量 6.95%。感黄瓜花叶病毒病，中抗烟草花叶病毒病，中抗疫病，感炭疽病，抗霜霉病。耐低温弱光性良好，较耐热耐湿。适宜在江西、贵州、广西、湖南、云南、湖北、安徽、浙江、江苏早春保护地、春季露地和秋季保护地种植。

（5）兴蔬215（图2-8）。湖南省蔬菜研究所选育。果实长牛角形，绿色，纵径 20.0 厘米左右，横径 3.0 厘米左右，肉厚 0.33 厘米左右，单果质量 40 克左右，果表光亮微皱。维生素 C 含量 1.516 毫克 / 克，辣椒素含量 0.14%。中抗黄瓜花叶病毒病，抗烟草花叶病毒病，抗疫病，抗炭疽病。耐热、耐旱性强。适宜在湖南、湖北、江苏、广东、山东、山西、河南、河北、四川、云南、广西和重庆春季露地栽培。

图 2-8　兴蔬 215（陈文超　提供）

## 16　甜椒有哪些优良品种？

（1）中椒105号（图2-9）。中国农业科学院蔬菜花卉研究所选育。植株生长势强，节间相对较短，植株紧凑。连续结果性好，中早熟。果实灯笼形，3～4个心室，纵径10厘米、横径7厘米左右，单果质量100～120克。果色浅绿，果面光滑。抗逆性强，兼具较强的耐热和耐寒性。品质优良，维生素C含量1.6毫克/克。抗辣椒轻斑驳病毒病（$P_{0,1,2}$）、抗烟草花叶病毒病、中抗黄瓜花叶病毒病、中抗疫病。主要在广东、广西、福建、海南、云南等南菜北运基地反季节种植，也在山东、河北等地推广。2012年入选农业部推介主导蔬菜品种。

图 2-9　中椒 105 号（王立浩　提供）

（2）**中椒107号**（图2-10）。中国农业科学院蔬菜花卉研究所选育。早熟，定植后30天左右采收，果实灯笼形，3～4个心室，平均单果质量150～200克。果色绿，果肉脆甜，维生素C含量1.47毫克/克。抗辣椒轻斑驳病毒病（$P_{0,1,2}$），抗烟草花叶病毒病，中抗黄瓜花叶病毒病。丰产性强，尤其是中、后期产量。适宜在山东、河北、北京、辽宁、山西等地早春和秋延早熟栽培。2014年入选农业部推介主导蔬菜品种。

图2-10　中椒107号（王立浩　提供）

（3）**国禧105**（图2-11）。北京市农林科学院蔬菜研究中心选育。早熟，生长势健壮，果实方灯笼形，果表光滑，4心室率高，果实淡绿色，厚肉质脆，品质佳，商品率高，耐贮运。果实纵径约12厘米，果实横径约9厘米，肉厚0.6厘米，单果质量170～260克，膨果快，低温耐受性强，整个生长季果形保持很好，高抗病毒病，抗青枯病。适宜于华南北运基地种植。

图2-11　国禧105（陈斌　提供）

（4）**冀研108号**（图2-12）。河北省农林科学院经济作物研究所选育。利用雄性不育系育成，早熟，植株生长势强，始花节位10.4节，果实灯笼形，果色绿，果面光滑有光泽。味甜质脆，口感好。平均单果质量250克，肉厚0.60厘米，味甜，维生素C含量1.28毫克/克。抗病毒病、炭疽病、疫病、青枯病。一般亩产量4000千克左右，适宜在北京、河北、山西、山东、上海的适宜地区保护地种植。

图 2-12　冀研 108 号（严立斌　提供）

（5）**冀研16号**（图2-13）。河北省农林科学院经济作物研究所选育。利用雄性不育系育成，中熟，果实灯笼形，果面光滑有光泽，青果绿色，成熟果黄色，单果质量230克，果肉厚0.6厘米，维生素C含量1.41毫克/克，商品性好，连续坐果性好，较耐低温弱光，抗病毒病、炭疽病，耐疫病。既可作为青椒采收上市，又可作为彩色椒高档精品蔬菜栽培。一般亩产量4000千克左右，适宜在河北、辽宁、安徽适宜地区保护地种植。

图 2-13　冀研 16 号（严立斌　提供）

（6）**苏椒103号**（图2-14）。江苏省农业科学院蔬菜研究所选育。早中熟，始花节位7～9节，植株半开展，分枝能力强，坐果能力强。果实高灯笼形，纵径11.3厘米，横径7.1厘米，肉厚0.5厘米，单果平均质量135克，青熟果绿色，老熟果鲜红色，果面光滑，光泽好，味甜，品质佳。抗病毒病，高抗炭疽病，耐低温，耐弱光照。适宜在江苏、河南、广东春季露地栽培。

图2-14　苏椒103号（刘金兵　提供）

## 17　线椒有哪些优良品种？

（1）**博辣皱线1号**（图2-15）。湖南省蔬菜研究所选育。中早熟。青果绿色，生物学成熟果鲜红色。果实羊角形，果肩无，果尖尖，果表光亮有皱。纵径26.0厘米左右，横径2.64厘米左右，肉厚0.29厘米左右，单果质量32.0克左右，味辣。维生素C含量1.432毫克/克，辣椒素含量0.21%。中抗黄瓜花叶病毒病，抗烟草花叶病毒病，抗疫病，抗炭疽病，耐旱能力好，耐低温性强。适宜在湖南、河南、四川、云南、广东、辽宁、河北、陕西、山西、山东春季露地种植。

图2-15　博辣皱线1号（陈文超　提供）

（2）**川腾10号**（图2-16）。四川省农业科学院园艺研究所选育。中早熟，首花节位8～12节，从定植到始收青椒69天，始收红椒102天。果实线型，纵径25.8厘米，横径1.4厘米，肉厚0.16厘米，单果质量19.1克。株高67.7厘米，株幅86.7厘米，挂果能力强。青果绿色，老果红色，味辣，适合鲜食、制酱和干制。耐涝、耐重茬能力强，亩产2500千克左右。适宜在四川露地、春大棚提早和秋延后大棚种植。

图2-16　川腾10号（宋占锋　提供）

（3）红冠3号（图2-17）。四川省农业科学院园艺研究所选育。早中熟，首花节位8～12节，从定植到始收红椒98天。果实线型，浅绿色，果面微皱，纵径20.2厘米，横径1.6厘米，肉厚0.1厘米，单果质量17.4克。株型较紧凑，挂果能力强，株高53厘米，株幅63.4厘米。青果绿色，老熟果红色，中辣，适合鲜食、制酱和干制。较耐涝、耐重茬，亩产量2000千克左右。

图2-17　红冠3号（宋占锋　提供）

（4）辣天下20号。镇江市镇研种业有限公司选育。果实线形，纵径30～38厘米，横径2.0厘米左右，果肉厚0.23厘米，单果质量45克左右，青果绿色，红果鲜艳，光亮顺直，辣味中等，商品性好。维生素C含量1.236毫克/克，辣椒素含量0.31%。中抗黄瓜花叶病毒病、烟草花叶病毒病、疫病，抗炭疽病，抗逆性较强。适宜在江苏、河南、浙江、福建、云南、贵州、四川、江西、湖北、湖南春秋保护地及露地种植。

## 18　螺丝椒有哪些优良品种?

（1）陇椒10号（图2-18）。甘肃省农业科学院蔬菜研究所选育。早熟，生长势强，果实羊角形，纵径29厘米，横径3.1厘米，肉厚0.27厘米，平均单果质量62克，果色绿，果面皱、味辣，果实商品性好。播种至始花期天数为99天，播种至青果始收期135天，每100克中维生素C含量84.7毫克、干物质含量10.5克、可溶性糖含量3.3克，品质优良，耐低温寡照，抗病毒病，耐疫病，丰产性好，日光温室种植亩产量为5000千克左右。适宜于北方地区及气候类型相似地区的塑料大棚、日光温室和露地种植。

图2-18　陇椒10号（王兰兰　提供）

（2）**陇椒11号**（图2-19）。甘肃省农业科学院蔬菜研究所选育。早熟，生长势强，果实羊角形，纵径29厘米，横径3.5厘米，肉厚0.25厘米，平均单果质量60克，果色绿，果面皱，味辣，果实商品性好。植株上下部果实长度差异较小，冬季日光温室栽培，辣味较浓。播种至始花期天数为92天，播种至青果始收期129天，每100克中维生素C含量53.4毫克、干物质含量6.66克、可溶性糖含量2.3克，品质优良，耐低温寡照，耐疫病，抗病毒病，抗白粉病，丰产性好，日光温室种植亩产量为5000千克左右。适宜于北方地区及气候类型相似地区的塑料大棚、日光温室和露地种植。

图2-19　陇椒11号（王兰兰　提供）

（3）**陇椒12号**（图2-20）。甘肃省农业科学院蔬菜研究所选育。早熟，生长势强，果实羊角形，纵径26厘米，横径3.4厘米，肉厚0.27厘米，平均单果质量67克，果色绿，果面皱，味辣，果实商品性好。播种至始花期天数为95天，播种至青果始收期140天，每100克中维生素C含量71.6毫克、干物质含量7.04克、可溶性糖含量3.2克，品质优良，耐低温寡照，耐疫病，抗病毒病，抗白粉病，丰产性好，日光温室种植亩产量4900千克左右。适宜于北方地区及气候类型相似地区的塑料大棚、日光温室和露地种植。

图 2-20　陇椒 12 号（王兰兰　提供）

（4）**金椒12号**。兰州金桥种业有限责任公司选育。中早熟品种，青熟果绿色，果实长羊角形，果顶较尖，纵径26厘米，横径3.2厘米，单果质量68克，商品性好，味中辣，香味浓郁。维生素C含量0.68毫克/克。抗黄瓜花叶病毒病，抗烟草花叶病毒病，抗疫病，抗炭疽病，耐低温，抗病性好。适宜在甘肃、陕西、山东及同生态地区种植。

（5）**甘科4号**。甘肃绿星农业科技有限责任公司选育。鲜食制干兼用型杂交种。极早熟，生育期较短，植株矮生紧凑，挂果多而集中。果实羊角形绿色，果面有轻微皱褶。纵径22～25厘米，横径3厘米，果肉厚0.3厘米，单果质量45～50克。维生素C含量0.79毫克/克，辣椒素含量0.087%，干物质含量8.01%。中抗黄瓜花叶病毒病，中抗烟草花叶病毒病，中抗疫病，中抗炭疽病。适宜在甘肃兰州、平凉、凉州、甘州、甘谷、临洮保护地种植。

（6）**青螺618**。郑州中农福得绿色科技有限公司选育。早熟，果实牛角形，绿皮，单果质量85～100克，果实纵径26～30厘米，果肩横径5～5.5厘米，味中辣。维生素C含量1.013毫克/克，辣椒素含量0.32%。中抗黄瓜花叶病毒病，中抗烟草花叶病毒病，中抗疫病，中抗炭疽病。适宜在河南、陕西、贵州、云南、湖南春、秋延后大棚种植。

## 19 辣椒加工选择哪些优良品种？

（1）**博辣天玉**（图2-21）。湖南省蔬菜研究选育。中早熟，青果绿色，生物学成熟果浅红色转鲜红色，果表光滑，果形较直顺。纵径8.5厘米左右，横径1.1厘米左右，肉厚0.17厘米，单果质量5.2克左右，辣味强。维生素C含量1.574毫克/克，辣椒素含量0.39%。抗黄瓜花叶病毒病，抗烟草花叶病毒病，抗疫病，中抗炭疽病，耐旱、耐热性强。适宜在湖南、贵州、云南、广东、河南、河北、山东和重庆春季露地栽培。

图 2-21　博辣天玉（陈文超 提供）

（2）**国塔166**（图2-22）。北京市农林科学院蔬菜研究中心选育。利用雄性不育系育成，干鲜两用，贵州珠子椒类型品种，早熟，植株生长健壮，半直立株型，纵径3.8厘米，果肩横径3.6厘米，单果质量20克左右，果色绿转深红，辣味浓香，易脱水，适宜干制加工用，高油脂，辣椒红素含量高，商品率高，持续坐果能力强，单株可坐果40～60个；抗病毒病和青枯病，适宜我国西南、西北等食辣地区拱棚及露地种植。

图 2-22　国塔 166（陈斌　提供）

（3）艳椒 425（图 2-23）。重庆市农业科学院蔬菜花卉研究所育成。晚熟，始花节位 16.2 节，植株生长势强。果实单生朝天，小羊角形，纵径 8.92 厘米，果肩横径 1.1 厘米，果肉厚 0.12 厘米，平均单果质量 4.5 克，青熟果绿色，成熟果大红色，果面较光滑，光泽度好。辛辣，辣度可达 36800 斯科维尔，干物质含量 23.9%，脂肪含量 14.82%，加工品质优良。易干制，从青椒到红椒的转色期长，适宜红椒干制、酱红椒泡制等加工，也可作火锅底料、辣椒制品加工的原料。耐热，耐瘠，抗病毒病，中抗疫病和炭疽病，丰产性好，平均亩产鲜红椒 1500 千克。适合重庆、贵州、河南、山东及相似区域春夏茬地膜、露地栽培。

图 2-23　艳椒 425（黄启中　提供）

（4）**艳椒 435**（图 2-24）。重庆市农业科学院蔬菜花卉研究所育成。晚熟，始花节位 15.0 节，植株生长势强。果实单生朝天，小羊角形，纵径 7.9 厘米，横径 1.47 厘米，果肉厚 0.14 厘米，平均单果质量 8.1 克，青熟果绿色，成熟果大红色，果面光滑，硬度好。辛辣，辣度可达 39370 斯科维尔，干物质含量 21.4%，加工品质优良。适宜红椒干制，也可作深加工提取辣椒素原料。耐热，耐瘠，抗病毒病和疫病，中抗炭疽病，丰产性好，平均亩产鲜红椒 1700 千克，适合重庆、贵州、云南、四川及相似区域春夏茬地膜、露地栽培。

图 2-24　艳椒 435（黄启中　提供）

（5）**艳椒 465**（图 2-25）。重庆市农业科学院蔬菜花卉研究所育成。中熟，始花节位 14.2 节，植株生长势较强。果实单生朝天，小羊角形，纵径 8.5 厘米，果肩横径 1.4 厘米，果肉厚 0.14 厘米，平均单果质量 8.0 克，青熟果深绿色，成熟果红色，果面光滑，光泽度好。辛辣，辣度可达 46400 斯科维尔，干物质含量 23.9%，加工品质优良。适宜酱红椒泡制、红椒干制，可深加工提取辣椒素，也可作火锅底料、辣椒制品加工的原料。耐热，耐瘠，耐轻度盐碱，抗病毒病，中抗炭疽病，丰产性好，平均亩产鲜红椒可达 2000 千克，适合重庆、贵州、河南、山东、内蒙古及相似区域春夏茬地膜、露地栽培。

图 2-25 艳椒 465（黄启中 提供）

（6）辛香8号。江西农望高科技有限公司选育。早中熟，始花节位10节左右，植株生长势强，果实线形，纵径22厘米左右，横径1.5～1.7厘米，果肉厚0.25厘米，单果质量18～20克。青果嫩绿色，熟后红色。抗病毒病、疫病，中抗炭疽病，高抗青枯病。耐雨水、低温性一般。适宜江西、湖南种植。

## 20 辣椒深加工选择哪些优良品种?

（1）红安6号。新疆天椒红安农业科技有限责任公司选育。加工型常规种。矮秧自封顶，株高60厘米左右，株幅20～30厘米，主侧枝同时结果，坐果集中，果实多簇生，纵径15～16厘米，青熟果绿色顺直，干果深红色，易晒干，石河子地区生育期130天左右。维生素C含量0.674毫克/克，辣椒素含量0.127%。感疫病、细菌性斑点病和黄瓜花叶病毒病，中抗炭疽病和病毒病，耐热性弱，耐冷性中，耐旱性弱。

（2）博辣红牛（图2-26）。湖南省蔬菜科学研究所选育。早熟羊角椒品种，纵径18.4厘米，横径1.6厘米，肉厚0.2厘米，果肩平或斜，果顶尖，果面光亮，果形较顺直，青熟果为浅绿色，生物学成熟果鲜红色，平均单果质量14.9克。

维生素 C 含量 1.765 毫克／克，辣椒素含量 0.425%。抗黄瓜花叶病毒病，抗烟草花叶病毒病，抗疫病，抗炭疽病，耐湿能力强，耐肥能力强。适宜在湖南、河南、四川、云南、广东、辽宁、河北、陕西、山西、山东和新疆春季露地栽培。

图 2-26  博辣红牛（陈文超 提供）

（3）**红龙 13 号**（图 2-27）。新疆天椒红安农业科技有限责任公司选育。早熟杂种一代，无限分枝类型，株高 65 ～ 75 厘米，株幅 50 ～ 60 厘米，第一花着生节位 10 ～ 12 节，结果集中，坐果能力强，果实羊角形，纵径 13 ～ 15厘米，横径 2.5 ～ 3.0 厘米，干椒单果质量 3 ～ 5 克，单株坐果数 30 ～ 40 个，青果深绿色，成熟果深红色，色价高，易干制，果实成品率高。对病毒病、疫病、细菌性斑点病有较强抗（耐）性。亩产干椒 480 千克左右，高产田可达600 千克以上。

图 2-27  红龙 13 号（宋文胜  提供）

（4）**红龙23号**（图2-28）。早熟高色价杂交种，植株长势中等，株高70厘米左右，株幅50～60厘米，直立性好，第一花着节位11～12节，结果集中，坐果能力强，果实羊角形粗大，纵径16厘米左右，果实横径3.3厘米左右，干椒单果质量5克左右，成熟果深红色，易脱水晾晒，色价18～20，低辣。丰产抗病，适应性强，亩产干椒550千克，高产可达600千克以上。

图2-28　红龙23号（宋文胜　提供）

（5）**红龙12号**（图2-29）。早熟，高辣度锥形泡椒一代杂交种。无限分枝类型，株型较开张，生长势中等，株高50～60厘米，株幅40～50厘米，叶片长卵圆形，叶色深绿。主枝集中坐果，第一花着生节位7～9节，连续坐果能力强。纵径6～7厘米，横径3.0～3.5厘米，干椒单果质量3.5克左右，单株坐果数45个左右，青果深绿色，成熟果深红色，辣味强，果实成品率高。亩产干椒500千克左右，对病毒病、疫病、细菌性斑点病有较强抗（耐）性。

图2-29　红龙12号（宋文胜　提供）

（6）**天椒红冠**（图2-30）。早熟高色高辣杂交种，加工类型。植株长势中等，株高70厘米左右，株幅50～60厘米，分枝性强，主侧枝同时结果，坐果能力强，果实小羊角形，纵径12厘米左右，果实横径2.3厘米左右，干椒单果质量2.5克左右，单株坐果数60个左右，成熟果深红色，易脱水晾晒，色价15左右，辣度4万斯科维尔以上。

图 2-30　天椒红冠（宋文胜　提供）

# 第三章

# 辣椒育苗技术

## 21 选择辣椒育苗场所有哪些要求?

（1）**塑料大棚育苗。**通常选用跨度6米以上、高度2.5米以上的塑料棚，有竹木结构、水泥结构、焊接钢结构、镀锌钢管装配结构等多种类型。与中、小棚相比，塑料大棚的空间大、管理方便、光照强、升温快、保温性能好，有利于培育优质壮苗（图3-1）。冬春季辣椒育苗，多在塑料大棚内建设电热苗床，播种后搭建小拱棚，覆盖保温被，可有效降低低温（冷害、冻害）天气带来的风险。

图 3-1　塑料大棚育苗（王述彬　提供）

（2）**温室育苗。**日光温室按加温方式不同可分为节能型日光温室和加温型日光温室，按采光材料不同可分为玻璃温室和塑料薄膜温室，按结构可分为单屋面温室、双屋面温室和连栋温室。目前生产上较多采用塑料薄膜节能型日光温室，主要由砖墙（或土墙）、塑料薄膜、钢骨架等构成，必要时添加辅助加温设施（图3-2）。

图3-2　日光温室育苗（王述彬　提供）

（3）工厂化育苗。是在人工控制环境条件下，按一定的农艺流程，实行机械化、智能化、标准化、规模化、集约化的育苗方式。辣椒工厂化育苗主要采用玻璃温室、连栋塑料大棚，需要专门的育苗设备、消毒设备、全自动精量播种机、温度控制系统、自动肥水药系统等。辣椒工厂化育苗标准化程度高，主要用于育苗工厂、科技园区、大型栽培基地等（图3-3）。

图3-3　辣椒工厂化育苗（潘宝贵　提供）

## 22 怎样整理苗床?

（1）**苗床选择**。选用日光温室或塑料大棚建设苗床，要求地势高、日照条件好、排灌方便、水电配备齐全。对于采用土壤配制基质的，要求苗床土壤疏松、肥沃、无病虫害。为便于成苗的运输，苗床位置最好邻近生产田块。

（2）**消毒**。①彻底清洁苗床，清洁棚室内外杂草、杂物，采用消毒药剂喷淋或熏蒸消毒。②对使用过的穴盘进行消毒，选用1%生石灰溶液或15%次氯酸钠溶液，浸泡1天左右，反复用清水冲洗干净。

（3）**高畦育苗**。耕翻土壤后，一般采用南北方向做畦。畦面高度15～20厘米，有利于降低苗床的湿度，减轻苗期病害的发生，避免幼苗的徒长。标准穴盘的长度为54厘米、宽度为28厘米，畦面宽度以2个穴盘的长度或4个穴盘的宽度为好，一般为1.1～1.3米；如若需要建小拱棚，畦面两侧各增加20～30厘米为宜。

（4）**苗床整理**。①按预定宽度拉线，仔细耙平苗床。苗床两侧稍用力拍实，防止苗床两侧土层塌方。②冬春季育苗时，为提高苗床的保温效果，还可做成凹形畦面，凹面深度与穴盘高度相同。③理好苗床两侧的操作过道，铲平地面，以便于播种、间苗、浇水、追肥、喷药、揭盖小棚膜等农事操作。

## 23 怎样制作冬春辣椒育苗电热苗床?

（1）**电热线的选用**。在冬春季育苗过程中，为创造适合幼苗生长的温度环境，保证正常出苗，通常需要选用电热线建设电热温床。长江中下游地区冬春季辣椒育苗，保证苗床100瓦/米$^2$的功率，如选用100米电热线（额定电压220伏，额定功率1000瓦），可控育苗面积8～10米$^2$。

（2）**布线方法**。准备若干根小竹签，布线时，按布线间距插在苗床两端。为了避免电热温床边缘的温度过低，可以适当缩小苗床边侧电热线的间距，适当加大中间电热线的间距，保持平均距离10厘米左右。采取三人布线法，逐条拉紧。布线完成后，接通电源检测，确认电路畅通无误时，断开电源，铺设一层厚度2～3厘米的土壤或基质（图3-4）。

（3）注意事项。①选用品牌好、质量可靠的电热线。②根据电热线使用要求，使用额定的电压，采用规范的接线方法，严禁剪断、拼接、交叉、重叠、扭曲、打结。③选用配套的控温仪，精确控制辣椒种子发芽、幼苗生长所需的温度（图3-5）。④育苗结束后，小心取出电热线，清理干净，整理好，放在阴凉干燥的地方保存。

图 3-4  辣椒电热温床育苗（潘宝贵  提供）

图 3-5  采用控温仪调节电热温床温度（王述彬  提供）

## 24 怎样选择辣椒育苗基质？

（1）**营养土育苗**。辣椒育苗营养土选用田土与有机肥的用量比应不高于6：4混配。田土要从土壤酸碱度中性、无污染、最近4～5年内没有种过辣椒、番茄以及茄子的地块中挖取，土质以壤土为最好。与肥料混拌前，先用铁锹将土块打碎，并用筛子筛出里面的石块、土块、杂物和杂草等，条件许可时，最好能摊开暴晒几天，可消灭部分病菌和虫卵。

（2）**基质育苗**。①配制基质。以有机基质与无机基质按一定比例配制而成。穴盘育苗主要采用轻型基质，如草炭、蛭石、珍珠岩等，对育苗基质的基本要求是无菌、无虫卵、无杂质，有良好的保水性和透气性。一般配制比例为草炭∶蛭石∶珍珠岩为3∶1∶1，每立方米的基质中再加入磷酸二铵2千克、高温膨化的鸡粪2千克，或加入氮磷钾（15∶15∶15）复合肥2～2.5千克（图3-6）。②专用基质。从市场购买工艺好、质量可靠的适合辣椒育苗用的商品基质。为节约育苗成本，也可采用商品基质与田园土等比例混合配制使用。

图3-6　辣椒轻基质育苗（王述彬　提供）

（3）**漂浮式育苗**。采用特制的泡沫箱进行辣椒育苗，装有轻质育苗基质的泡沫箱漂浮于水面上，种子播于基质中，辣椒幼苗在育苗基质中生长（图3-7）。漂浮式育苗方法成苗快，能有效预防辣椒苗期病害，幼苗质量高，有利于辣椒的早熟、增产。

图 3-7　辣椒漂浮式育苗（王述彬　提供）

## 25 如何进行辣椒种子消毒处理？

（1）**温汤浸种**。先用温度25～30℃的温水浸泡15分钟左右，将种子倒入55～60℃的热水中，水量相当于种子质量的6倍左右，浸泡10～15分钟，浸种过程中需要不停搅拌，最后用温度25～30℃的温水浸种1小时。温汤浸种可以杀死潜伏在种子表面和内部的病原菌，减少病害发生。

（2）**药剂浸种**。辣椒种子表面通常携带病原菌，可针对性地选用一种或几种药剂进行消毒处理。①硫酸铜浸种。用于预防辣椒疫病、炭疽病、疮痂病、细菌性叶斑病等。先将种子用清水浸泡10～12小时，再用1%硫酸铜溶液浸种5分钟，取出种子，反复用清水冲洗干净。②磷酸三钠浸种。用于预防辣椒病毒病。将已经清水浸泡过的种子，用10%磷酸三钠溶液浸种20～30分钟，浸种后用清水冲洗干净。③硫酸链霉素浸种。用于预防辣椒疮痂病、青枯病。先用清水浸种4～5小时，再用72%硫酸链霉素液可湿性粉剂500倍液浸种30分钟，浸种后用清水洗净。

## 26 如何进行辣椒催芽？

辣椒规模化生产育苗，通常先进行催芽处理，然后再播种。催芽可以缩短辣椒种子的发芽时间，幼芽生长壮实，种子发芽率和发芽势得到提高。

（1）**浸种**。①把消毒后的种子放入25～30℃的清水中，水量一般是种子量的5～10倍，然后不断搅动，把漂浮在水上的瘪种子去掉，搓洗种子，洗去种子上的黏液。②用清水浸泡1小时，使种子吸足水分。

（2）**催芽**。可以采用人工气候箱、恒温箱、催芽室等进行辣椒种子催芽（图3-8）。①恒温催芽。将浸泡过的辣椒种子捞出，沥干水分，用纱布或干净的湿毛巾包好，放到28～30℃恒温环境中进行催芽。温度过高，种子发芽快，但发芽不整齐，幼芽也比较细弱；温度过低，种子发芽的整齐度比较好，但时间过长，容易烂种。②变温催芽。白天控制在28～30℃左右，夜间控制在18～20℃左右，幼芽健壮，整齐度高。

图 3-8  利用催芽室进行辣椒种子催芽（潘宝贵  提供）

**（3）注意事项。**①在催芽过程中，每隔6～8小时，翻动种子1次，使种子均匀受热，出芽整齐。②每天用28～30℃清水漂洗1～2次，洗去种子表层的黏液，有利于种子吸收氧气，提高种子发芽的整齐性，同时防止种子发霉。③保持催芽环境的湿润状态，避免积水和干燥，防止烂种、干芽，导致种子发芽率和发芽势降低。④一般在催芽4～5天后，当40%～60%的种子"露白"（萌芽）时，即可以播种。

**27**  **如何进行辣椒播种？**

**（1）人工播种法。**①搅拌基质。按比例混入广谱性杀菌剂、杀虫剂，视基质干燥程度混入适量清水，来回翻拌3～4次，充分拌匀、拌湿（图3-9）。②基质装盘。将拌匀的基质装入穴盘，用板条刮平，按苗床走向排好。采用喷淋的方式浇透底水。用数个叠加在一起空穴盘压出播种穴，深度0.8～1厘米（图3-10）。③播种。每穴播种1粒，尽量将种子播放在播种穴孔的中央部位（图3-11）。对于催芽的种子，种子表层有黏液，易黏在一起，可与潮湿细沙拌匀，方便人工播种。④盖土。均匀洒盖一层（1厘米左右）拌匀的基质，用板条刮平。

图 3-9　搅拌基质（王述彬　提供）

图 3-10　基质装盘（潘宝贵　提供）

图 3-11　辣椒人工播种（潘宝贵　提供）

（2）**机械播种法**。是指采用半自动精量播种机或全自动精量播种机进行播种的方法。年生产商品苗300万株以上的育苗工厂，可选用全自动精量播种机；300万株以下的小型育苗场，可选用2～3台半自动精量播种机（图3-12）。采用机械播种法，基质搅拌、基质装盘、打穴、播种、覆盖、浇水一体化，可大幅度降低劳动强度，提高播种效率。籽粒深度一致，出苗整齐。

图 3-12　辣椒机械播种（潘宝贵　提供）

**28** 辣椒冬春季育苗应该注意哪些方面？

（1）**温度调节**。冬春季育苗，气温较低，通过电热加温、多层覆盖等方式，达到增温保温的效果，抵御低温伤害，避免形成僵苗（图3-13）。出苗期间，控制苗床温度在28～30℃。当60%以上种子出土时，及时揭去苗床表层的覆盖物，以免烧芽或者形成高脚苗。齐苗后，适当控温，降低苗床温度2～3℃，以白天25～28℃、夜间18～20℃为宜。白天苗床气温超过28℃时，在大棚的背风处和日光温室顶端打开通风口，通风换气降温；当温度降到28℃时，留小风口换气；当温度降到20℃左右时，关闭所有通风口。

图 3-13　辣椒冬春季育苗（潘宝贵　提供）

（2）水分管理。浇水掌握"干湿交替"原则，即一次浇透，待基质转干时再行浇水。由于外界气温较低，一般选在晴天中午前后浇水，下午4：00后若幼苗无萎蔫现象则不必浇水。苗床两侧的基质容易失水，可适当多浇水。浇水后，在保证苗床内温度前提下，适当加大通风量、延长通风时间，降低苗床内的湿度。在连续阴、雨、雪天，如果基质湿度过大，可撒入拌有多菌灵粉剂、甲基硫菌灵粉剂的干细土降湿。定植前适当控苗，以幼苗不发生萎蔫、不影响正常发育为宜。采用潮汐式育苗，从底部给水给肥，灌溉更为均匀，生产效率得到有效提高（图3-14）。

图 3-14　辣椒潮汐式育苗（潘宝贵　提供）

（3）**肥料管理**。冬春季育苗，日历苗龄较长，基质肥力不足，需要追肥。当幼苗有缺肥症状时，及时选用有机肥、复合肥、冲施肥等肥料，随水冲施或叶面喷施。使用的有机肥必须经过充分腐熟、滤渣后使用，浓度以10～12倍稀释液较好；选用复合肥追肥时，可用含氮、磷、钾各10%左右的专用复合肥配制，喷施浓度为0.2%。

（4）**光照调节**。冬春季育苗，阴雨雪天光照弱，苗床采用多层覆盖，辣椒幼苗接受的光照少、时间短。需要采取多种措施，提高幼苗见光时间，促进幼苗的花芽分化。尽量选用长寿流滴农膜，以增加薄膜透光率。在保证幼苗不受冷害的前提下，白天尽量早揭晚盖苗床，延长幼苗的受光时间。遭遇连续阴雨雪天气，可增设补光灯，确保幼苗正常生长。

（5）**幼苗锻炼**。为了提高幼苗对定植后环境的适应能力，缩短定植后的缓苗时间，在定植前应进行幼苗锻炼。从定植前7～10天开始，通过停用电热线、适当加大通风量、延长通风时间、减少覆盖物等措施，提高幼苗的适应能力。

## 29 辣椒夏秋育苗如何管理？

（1）**温光调节**。出苗前，在苗床上覆盖无纺布遮阴，当30%～40%种子出土时，及时揭去无纺布，以免形成高脚苗。幼苗生长前期，外界温度高、光照强，需要在棚室上加盖遮阳网遮阴降温（图3-15）。遮阳网一般采用部分覆盖法，即只覆盖棚室顶部，两侧留有通风口，以保证幼苗见光。在阴天、雨天，撤去遮阳网，让幼苗多见光，避免幼苗徒长。定植前4～5天，不再覆盖遮阳网，让幼苗适应高温和强光的栽培环境。

（2）**水分管理**。夏秋季育苗气温高，基质水分散失较快，需要及时补水。出苗前，除浇透苗床水外，还要淋湿覆盖无纺布，以保证种子能够充分吸收水分。出苗后，根据基质的持水能力，及时补水，避免育苗基质的忽干忽湿，造成幼苗时而缺水萎蔫时而多水徒长。夏秋季育苗一般在早晨或傍晚浇水，避免中午浇水伤害幼苗，早晨浇水不易形成徒长苗。阴雨天或苗床湿度较高时，不宜过多浇水，以免沤根或诱发猝倒病。注意大风、暴雨损坏大棚，冲塌苗床。

（3）**肥料管理**。夏秋季育苗，幼苗生长期短，一般不需要追肥，如幼苗出现缺肥症状时，选用0.1%～0.2%磷酸二氢钾溶液，或0.3%～0.5%复合肥溶液，叶面追施1～2次。追肥时间应该掌握在上午10：00前或傍晚，避开温度较高、容易发生肥害的中午前后。

图3-15　辣椒夏秋季育苗（潘宝贵　提供）

## 30 如何避免辣椒徒长苗?

（1）**徒长症状**。徒长是苗期常见的生长发育失常现象，表现为节间拉长、茎色黄绿、叶片质地松软、叶片变薄、色泽黄绿、根系细弱（图3-16）。徒长苗抗病性、抗逆性较弱，易遭病菌侵染，缺乏抗御低温寒流、高温强光的能力，缓苗速度慢，成活率较低，花芽分化及开花期延后，容易发生落蕾、落花、落果。

（2）**发生原因**。晴天苗床通风不及时，苗床温度偏高，湿度过大，密度过大，氮肥施用过多，阴雨天过多，光照不足容易形成徒长苗。

（3）**防治方法**。①依据幼苗各个生育阶段要求的适宜温度，及时通风，控制苗床温度。②苗床湿度过高时，注意加强通风排湿，湿度过大时撒入干细土降湿。③光照不足时，适当延长揭膜时间，让幼苗多见光，最好增加补光设备。④幼苗发生徒长后，适当控制浇水，延长通风时间，控制幼苗的营养生长。

图 3-16　辣椒徒长苗（潘宝贵　提供）

## 31　如何避免辣椒僵苗？

（1）**僵苗症状**。幼苗植株矮小、瘦弱，叶片发黄，茎秆细硬，部分叶片显紫色，生长发育缓慢。

（2）**发生原因**。①育苗基质肥力不足，农家肥未充分腐熟，肥料浓度过高，均可造成辣椒幼苗生长不育。②水分供应不及时，特别是后期的控苗过程中，控水过度，导致幼苗长时间缺水形成僵苗。③苗床温度较低（15℃以下），持续时间较长，导致辣椒幼苗僵苗。④采用生长激素控苗，用法、用量不当，导致幼苗生长发育不良。

（3）**防治方法**。①选择保温性能好的育苗场所，冬春季育苗采用温床育苗。②浇足底水，及时补水，保持育苗基质适宜的含水量。③在配制育苗基质时，既要有腐熟的有机肥料，还要添加幼苗发育所需的氮磷钾复合肥料，满足幼苗生长所需营养。④僵苗发生后，用细竹签进行适当松土，待基质稍干后，采用充分腐熟有机肥（低浓度）进行追肥。⑤采用生长激素控苗的，注意严格按照产品说明使用。

## 32 如何避免辣椒闪苗？

（1）**闪苗症状**。主要是由于环境条件突然改变而造成的叶片凋萎、干枯现象，具体表现为幼苗萎蔫，叶缘上卷，叶片局部或全部变为白枯，严重时造成幼苗整株干枯死亡。

（2）**发生原因**。①当苗床内外温差较大，苗床温度超过40℃以上时，突然大量通风，由于空气流动加速，叶面蒸发量剧增，植株失水萎蔫。②幼苗在较高的温度下突然遇冷，很快产生叶片萎蔫现象，甚至死亡。③连续阴、雨、雪天，或高温天气一直采用遮阳网覆盖，幼苗见光少、生长纤弱，突然遇到晴天或揭去遮阳网，常导致幼苗失水萎蔫。

（3）**防治方法**。①控制苗床保持适宜的温度。注意及时通风，当苗床温度上升到28℃时，应当及时通风降温，避免苗床温度过高（35℃以上）。②正确掌握通风换气的方法。随着气温的升高，掌握"通风口由少到多、通风量由小变大"的原则，确保苗床内温度慢慢下降至合适温度。③准确选择通风口。通风时，选择在育苗棚室的背风一侧揭开棚膜通风。④闪苗发生后，冬春季注意保温，夏秋季注意降温，连续阴雨天注意遮光，同时注意补充水分，避免突然的高温、低温损伤辣椒幼苗。

## 33 辣椒如何进行炼苗？

炼苗是指通过改变辣椒幼苗的生长环境，对辣椒幼苗进行控温、控水、控肥等抗逆性锻炼，促进幼苗植株健壮生长，提高幼苗适应田间环境的能力。由于辣椒苗床环境与田间环境存在着较大的差异，如果不进行炼苗，往往会因为田间环境不良（冬春季栽培为低温、弱光，夏秋季栽培为高温、强光），而导致幼苗活棵慢、缓苗期延长、落花落果、开花结果滞后，甚至会造成植株死棵。如果幼苗环境与田间环境差异不大，也可以不进行炼苗。

（1）**炼苗方法**。①控温。冬春季育苗进行低温炼苗，在定植前7～10天，逐渐加大通风量、延长通风时间，逐渐降温至15～20℃，定植前3～5天使幼苗处于与定植后基本一致的环境条件。夏秋季育苗，通常采用遮阳网遮阴降温，定植前一周，需要逐渐撤去遮阳网，让幼苗适应高温、强光的田间环境。②控水。适当控制浇水量，在中午前后植株出现轻微萎蔫时，适量浇水。③控肥。减少营养型肥料的施用，追施具有促根作用的功能性肥料，从而促进辣椒幼苗的根系生长。

（2）注意事项。①辣椒炼苗时间以一周左右为好。炼苗时间过长，幼苗生长发育受到抑制，容易形成僵苗；炼苗时间不足，则达不到炼苗的要求。②炼苗是辣椒幼苗对不良环境的一个适应过程，不可操之过急，特别是冬春季的低温炼苗，需要控制好苗床的通风量和通风时间，让幼苗逐渐适应低温环境。

## **34** 辣椒的壮苗标准是什么？

（1）**外观标准**。辣椒优质壮苗总体表现为根系粗壮、枝叶完整、茎粗、节短、叶厚、叶柄短、色深绿、无损伤、无病虫（图3-17）。①株高18 ～ 25厘米，茎秆粗壮，节间短，全株生长发育平衡。②子叶完好，叶片肥厚，绿色，冬春季育苗早熟品种具有8 ～ 10片真叶、晚熟品种具11 ～ 12片真叶，夏秋育苗植株具有4 ～ 6片真叶即可。③冬春季早熟栽培用苗，有60% ～ 70%植株带大蕾。④根系发达，主根粗壮，侧根数量多，呈白色。⑤茎叶及根系无病虫危害、无机械伤痕（图3-17）。

图 3-17　辣椒健壮幼苗（潘宝贵　提供）

（2）**生理标准。**①冬春辣椒育苗，苗龄70～80天；夏秋辣椒育苗，苗龄25～40天即可。②幼苗含有丰富的营养物质，细胞液浓度大，表皮组织中角质层发达，水分不易蒸发。③幼苗的抗逆性强，耐低温、弱光，耐高温，耐干旱，能快速适应不良的田间环境，定植后成活率高。④定植后根系的吸收功能恢复快，缓苗时间短，开花早，结果多。⑤植株的综合抗病性较强，植株生长势强，不易发生病害。

## 35 辣椒苗如何进行运输?

（1）**运输前准备。**①运输前，检查幼苗病虫害发生情况，剔除带病苗、带虫苗，确保幼苗没有受到茎基腐病、细菌性病害、粉虱、蚜虫的侵染，不要将发生病虫害的幼苗定植到生产田中。②在运输前一天浇透苗床水，防止穴盘苗在运输途中失水萎蔫。

（2）**运输方法。**①长距离运输，最好采用厢式货车、面包车等运输，配套有多层货架，层高30～40厘米（图3-18）。②采用敞式货车、农用三轮车等运输的，根据天气情况，准备好苫布、塑料膜等覆盖材料。③也可以采用穴盘苗运输的专用纸箱，每个纸箱可装1～3盘苗。

图3-18 辣椒苗装车（潘宝贵 提供）

（3）**注意事项。**①在冬春季运输幼苗，外界气温较低，最好选择在晴朗、无风天气，从苗床到货车、从货车到大田的两个过程中，也要做好防护措施，避免幼苗受冷、受冻。②运输过程中，避免辣椒幼苗被冷风或热风一直吹着，否则常会导致幼苗失水、萎蔫。③在运输过程中，尽量减少颠簸，以免苗盘滑动、挤压，造成幼苗机械损伤。

# 第四章
## 辣椒栽培技术

### 36 辣椒日光温室栽培的茬口如何安排？

江苏省徐州市、连云港市等部分辣椒产区，采用日光温室栽培，栽培茬口以日光温室冬春茬为主，同时也有日光温室早春茬和日光温室秋冬茬等。

（1）**日光温室冬春茬。**8月下旬至9月上旬播种育苗，9月下旬至10月上中旬定植，春节前开始采收，6月下旬结束。通常选用长牛角椒类型的辣椒品种，要求耐低温弱光、连续结果性强、后期不早衰、果实不变小。日光温室冬春茬经历高温、低温、高温季节，田间环境变化较大，生产管理要求较高，需要科学施肥与供水，综合防治病虫害（图4-1）。

图4-1  日光温室冬春茬辣椒栽培（潘宝贵  提供）

（2）**日光温室早春茬。**一般在10月下旬至11月中旬育苗，1月中旬到2月上中旬定植。日光温室早春茬辣椒生长发育期间温光条件优越，通常培育大苗（带花蕾）定植，达到早开花结果、早上市的生产目的。

（3）**日光温室秋冬茬**。一般7月中下旬降温育苗，8月上中旬定植，10月上中旬开始采收，春节前结束。日光温室秋冬茬前期温度较高，病毒病、根腐病、疫病、粉虱等发生较重，注意综合防治。

**37** 辣椒塑料大棚栽培的茬口如何安排？

江苏省辣椒生产主要采用塑料大棚栽培，以宽度6米或8米的钢架大棚为主，长度60～120米不等，主要有大棚春提早茬和大棚秋延后茬。

（1）**大棚春提早栽培**。长江中下游、黄淮海区域，大棚春提早辣椒栽培是非常重要的一个茬口。一般选用薄皮长灯笼椒或牛角椒类型的辣椒品种，要求熟性较早、耐低温弱光、连续结果性强。通常在10月下旬至12月上中旬播种，采用电热温床育苗，大面积栽培采用工厂化育苗，1月上旬至2月中旬定植，通常在大棚里面搭建二棚和小拱棚，采用多层覆盖进行保温，3月下旬至4月上旬开始采收，可采收至7月。目标产量5000千克左右（图4-2）。

**图4-2 大棚春提早栽培（王述彬 提供）**

（2）**大棚秋延后栽培**。江淮地区秋季辣椒栽培的特殊茬口，为国庆节、春节市场供应新鲜辣椒产品。通常选用牛角椒类型品种，要求耐热性好、综合抗病性强、挂果集中、转红速度快、色泽红艳、外观商品性佳、果肉较厚、耐贮运。一般在6～7月播种，遮阴降温育苗，7～8月定植，国庆前后开始采收，2月底采收结束。红椒采用植株活体保鲜，可延至第二年3～4月供应市场（图4-3）。作鲜椒采收，亩产量3500千克；作红椒采收，亩产量2000～2500千克。

图4-3　大棚秋延后辣椒（红椒）栽培（潘宝贵　提供）

## 38　辣椒露地栽培的茬口如何安排？

江苏省辣椒露地栽培约占辣椒生产总面积的10%左右，主要在盐城市、南通市、徐州市等辣椒产区，一般采用"油菜－椒"或"麦－椒"种植茬口，即在油菜或麦子收获后定植辣椒。

采用塑料大棚建设苗床，3月下旬至4月下旬播种育苗，"油菜－椒茬"在5月中旬定植，"麦－椒"茬在6月中旬定植，7～9月鲜椒上市，10月红椒上市或加工销售（图4-4）。

江苏辣椒露地栽培一般选用羊角椒类型的辣椒品种，鲜食与加工兼用，要求综合抗病性、抗逆性较强。待前茬收获后，施足底肥，耕翻土地，采用高畦或高垄栽培。定植后加强水、肥管理，促进植株健壮生长。夏季雨水较多，需要清理好排水沟，防止田间积水导致植株沤根。注意病、虫、草害的早期防治，特别是坐果后注意防治烟青虫、夜蛾类等害虫。

**图 4-4　辣椒露地栽培（潘宝贵　提供）**

## 39　辣椒设施栽培连作障碍的原因有哪些？

辣椒持续连作面积占栽培面积的80%以上，连续种植3年以上时，土壤肥力降低，生理性病害频繁发生，多种病害（特别是土传病害）危害上升，土壤次生盐渍化和有害物质积累，辣椒植株生长发育不良，从而形成连作障碍。据调查，连作5年以上的田块发病率为35%，连作10～20年的田块发病率高达80%，有些年份和个别田块甚至出现全田发病或成片死秧现象。连作障碍不仅影响辣椒的生长发育，造成"三落一死"（落叶、落花、落果和死秧）的后果，而且导致产量和品质下降。

（1）**土壤营养比例失调**。辣椒正常生长发育除需要氮、磷、钾3种大量元素外，还需要10多种微量元素。在一块土地上长期种植辣椒，对某些大量、微量元素吸收相对较多，而对其他元素吸收相对较少，会造成土壤中一些元素的不足，影响辣椒的正常生长发育，并且影响辣椒的抗病虫性、产量和品质。

（2）**土传病菌的累积**。辣椒土传病害有疫病、根腐病、菌核病、枯萎病、青枯病等。在同一设施内连续多年种植辣椒，造成土传病原菌的积累，致使辣椒病害发生加重。

（3）**有毒物质污染**。①过量施用单一肥料，造成某些离子浓度过高，影响辣椒正常生长发育。②某些元素之间存在拮抗作用，造成土壤中锰、锌或铜离子过剩。③土壤过酸，铁、锰、锌、铝等溶解度增高，从而导致毒害。④使用工厂排污水灌溉，常有汞、铜、锌、铅等重金属和酚类有机化合物污染，也造成辣椒中毒。⑤施用未腐熟的有机肥，易发生氨中毒。这些都会影响到辣椒正常生长发育。

（4）**土壤盐渍化**。在设施辣椒生产中，土壤多年没有深翻，化学肥料施用过量，施用肥料品种单一，土壤有机质含量低，大水漫灌等，形成盐渍土壤，致使土壤理化性质、团粒结构、微生物群落发生改变，降低了辣椒的抗病抗逆性，阻碍辣椒的正常生长发育。

（5）**不良环境条件**。辣椒生长发育过程中，遭遇阴雨或暴雨，田间长时间积水，使辣椒根系处于无氧状态，呼吸受阻，很容易导致辣椒整株死亡。有时雨后骤晴，气温急剧升高，造成辣椒疫病、青枯病等土传性病害的暴发。

 **怎样克服辣椒设施栽培连作障碍？**

（1）**农业措施**。①轮作换茬。连作障碍严重的田块，必须实行轮作，以水（湿）旱轮作最好，如与水稻、水芹等实行轮作，也可与豆类、葱蒜类、叶菜类等作物轮作。②抗病品种。针对主要病害种类，选用抗病、适应性强的辣椒品种。③科学施肥。增施有机肥，合理施用氮磷钾，注意补充钙、硼等中微量元素，以提高辣椒产量和品质。

（2）**物理防治**。①高温闷棚。在7～8月，在设施空茬期间，密闭大棚，灌入大水，利用40℃以上高温闷棚15天。或在灌水前施入石灰氮，进行土壤消毒。②冻垡。在冬春季休茬期间，深翻土壤，利用低温进行冻垡处理，疏松土壤，改良土壤团粒结构，同时消灭土壤中的越冬害虫。

（3）**化学防治**。①结合深翻整地用棉隆颗粒剂进行化学消毒，可有效减轻连茬障碍。②当pH为5.5时，翻地时每亩可施生石灰50～100千克，提高pH，对土壤病菌也有杀灭作用。

（4）**生物防治**。使用生物菌剂和生物菌肥，增加土壤有益微生物，增强有益菌对有害病菌的拮抗作用，可有效减轻土传病害的危害。

高温闷棚是指在 7 ～ 8 月空茬期间,利用高温进行棚室消毒的方法。高温闷棚方法的成本低、污染小、操作简单、效果较好,可以有效解决土传病害发生严重、土壤板结、土壤盐渍化、土壤酸化等问题。

(1)**高温闷棚的优点。**①有利于杀灭土壤中病原菌,如辣椒疫病、根腐病、青枯病等病原菌。②高温闷棚可以促进土杂肥、粪肥、草肥等有机肥充分腐熟,既发挥了肥效,也避免了生肥烧根。③配施发酵菌肥,可改善土壤结构,丰富团粒结构,降低板结,减轻、延缓盐渍化程度。

(2)**高温闷棚的方法。**①灌水。大棚四周做坝,灌水,水面最好高出地面 3 ～ 5 厘米,然后覆盖旧薄膜。土壤的含水量与杀菌效果密切相关,如果土壤含水量过高,对于提高地温不利;土壤含水量过低,又达不到较好的杀菌效果。实践证明,土壤含水量达到田间持水量的 60% ～ 65% 时效果最好。②闭棚。放下棚膜,四周压严压实,进行高温闷棚处理。注意防止棚膜破损,以免棚室内的热气外泄,导致闷棚效果降低。高温闷棚期间,地表下 10厘米处土温最高可达 70 ～ 75℃,20 厘米处土温可达 45℃以上,灭菌率可达80% 以上。

(1)**清洁茬口。**上茬作物采收结束后,及时清茬,将棚室内的植株残体、枝叶、杂草、破碎农膜、杂物等清理干净。

(2)**施用石灰氮。**每亩施入石灰氮颗粒剂 40 ～ 80 千克,用旋耕机将石灰氮翻入土中,深 20 ～ 30 厘米,酸性土壤适宜加大用量,效果更好(图 4-5)。

(3)**灌入大水。**用废旧农膜盖满整个土壤表面,向棚室内灌入大水,以棚室内有积水为准;在闷棚期间,如土壤缺水,可再灌水 1 次。

(4)**高温闷棚。**密闭棚室,利用日光照射使大棚内迅速升温(地表温度可达 70℃),持续 20 天以上。

（5）加强通风。闷棚结束后，揭开棚膜，通风5～7天以上，施入生物菌肥等肥料，浅耕翻、整地、做畦，准备定植。

（6）注意安全。①施用地点不能与鱼池、禽畜养殖场太近。②施用时间应选择在无风的晴天进行。③石灰氮具有一定毒性，对皮肤和黏膜（结膜、上呼吸道）有刺激作用，使用时应特别注意防护；乙醇会加速石灰氮对人体的有害作用，撒施人员前后24小时内不要饮酒；撒施时佩戴口罩、帽子和橡胶手套，穿长裤、长袖衣服和胶鞋；撒施后要漱口，用肥皂水洗手、洗脸。④未用完的石灰氮要密封，存放在通风、干燥处。

图4-5　使用石灰氮消毒（王述彬　提供）

## 43　辣椒设施栽培的主要配套材料有哪些？

（1）遮阳网（遮光网）。主要在夏秋季育苗、生产使用的覆盖材料，可以起到遮光、降温、保湿的作用，冬春季还可以起到保温、增湿的作用。①黑色遮阳网。夏秋季育苗期、定植后缓苗期，可以选用SZW-12、SZW-14等遮光率较高的黑色网覆盖。若高温持续时间较长，需要长期覆盖遮阳网，宜选用SZW-10等遮光率较低的黑色网。②银灰色遮阳网。为了驱避蚜虫、预防病毒病发生，可以选用SZW-10、SZW-12、SZW-14等银灰网覆盖。

（2）防虫网。广泛用于育苗和生产的覆盖材料，隔离菜青虫、斜纹夜蛾、蚜虫等害虫的危害。通常选用 40 目的白色或银灰色防虫网，目数过高（大于60 目）会影响设施内的通风透气性。覆盖防虫网前，注意进行棚室内整体消毒，杀灭棚室内的残留虫卵。

（3）**保温被**。采用碎线（布）、腈纶棉、太空棉、微孔泡沫等制作而成的棚室覆盖材料。相对于传统草苫、草帘等覆盖材料，保温被具有重量轻、易清洁、保温性能好、使用寿命长等优点。10 月中旬～4 月上旬育苗或生产期间，外界气温较低，采用保温被进行覆盖，保温效果较好，有利于辣椒的壮苗培育和植株生长（图 4-6）。

图 4-6　利用保温被覆盖（潘宝贵　提供）

## **44** 如何进行辣椒基质栽培？

（1）**场地消毒**。定植前 15～20 天，清理棚室内的杂物、杂草，清理基质栽培架、栽培槽、栽培沟等，选用熏蒸剂进行棚室熏蒸消毒，也可选用水剂或粉剂进行喷淋消毒，密闭棚室 2～3 天，通风透气。

（2）**基质准备**。①选用适宜辣椒栽培要求的商用基质，要求容重为0.5 克/厘米$^3$，总孔隙度 60%，大小孔隙比为 1：2，化学稳定性强，pH 中性。②按比例混入肥料、广谱性杀菌杀虫剂，喷淋清水，充分搅拌均匀。③将基质铺满基质槽，避免踩压。

（3）**定植**。当辣椒苗长到 6～7 叶 1 心即可定植。根据栽培槽宽度采用单行或双行栽培，株距33～40厘米；也可采用花盆、栽培槽、栽培箱等容器栽培（图4-7）。

图4-7　辣椒基质栽培（潘宝贵　提供）

（4）田间管理。①根据辣椒植株生长情况，进行水肥一体化管理，保持基质含水量60%～80%，在开花坐果期、采收盛期及时追肥。②当植株开始开花坐果时，进行吊绳与绑蔓，吊绳数量根据整枝方式确定，通常3～4根，之后在植株生长过程中，需适时绑蔓或绕蔓。③辣椒一般采取三杈整枝方式，即在对椒处分杈的4根枝条中选取粗壮的3根作为主枝，多余的一级分枝一律抹除。当3根主枝上的侧枝长到2节时进行掐头。④当植株长到1.5米高时，及时抹去中下部的老叶和病叶，提高中后期的产量。

## 45　辣椒栽培如何做畦？

辣椒根系较浅，既不耐涝，也不耐旱，要求土壤疏松、透气。田间积水常导致植株沤根、土传病害发生加重。因此，辣椒生产宜采用高畦或高垄栽培。

（1）整地。整地宜在定植前7～10天进行，过早土壤易板结，过迟则会影响定植的进度。施入基肥后，旋耕土壤，待土壤湿润、疏松时，着手进行整地做畦（图4-8）。棚室栽培注意要在整地前上好棚膜，避免湿土整地，以免辣椒沤根、死苗。

图 4-8　塑料大棚整地（潘宝贵　提供）

（2）高畦或高垄（窄畦）。依据当地种植习惯，大棚一般采用高畦栽培，大棚中间预留宽度80厘米的走道，两侧各做1畦，畦宽1.8～2米，畦高20厘米左右；日光温室一般采用高垄栽培，垄宽60～70厘米，垄高20～30厘米。

（3）膜下滴灌。畦和垄做好后，在植株行间铺设滴灌软管，选用白色或银灰色地膜覆盖畦面，四周用土块封严压实（图4-9）。采用膜下软管滴灌补水，用水量减少，不但有利于提高地温，促进辣椒根系生长，早发棵，早采收，而且可以降低大棚内的湿度，不易诱发病害。

图 4-9　辣椒高垄栽培与膜下滴灌（王述彬　提供）

（4）排水沟。做好畦后，要及时挖好或清理好棚室内外的排水沟，特别是在多雨季节要保证排水沟畅通，确保日光温室或塑料大棚内不进水、不积水、土壤干松。

## 46　怎样定植辣椒苗？

（1）**适时定植**。设施栽培根据棚室的保温情况及配套的保温设施，露地栽培根据茬口安排，选择合适的定植时间。

（2）**定植密度**。①根据品种特性而定，对生长势较旺、开展度较大、叶量较大的品种可适当稀植，对叶量较少、叶片较小的早熟品种，适当密植。②一般按行距50厘米、株距40～50厘米开穴，每亩种植3000～3500株。③如管理水平较高，可以适当增加定植密度，争取经济效益的最大化。

（3）**定植方法**。①冬春季选择晴天定植，夏秋季选择阴天或下午定植。②定植前1天，浇透苗床水。③定植时，按株行距在地膜上打穴，从穴盘中轻轻取出穴盘苗，注意保护好幼苗的根系，植入定植穴中，扶正，围土，一次性浇足定根水。④露地定植时，采用机械定植，可以同时进行开穴、栽苗、覆土和浇水，极大提高了定植效率（图4-10）。

图4-10　露地辣椒机械定植（潘宝贵　提供）

（4）**棚室内温度控制**。①春季栽培为了保证前期产量的收获，定植完成后，选用竹片、塑料纤维弓等材料，在畦面上搭建小拱棚，小拱棚高70～90厘米，拱间距50～60厘米，根据外界气温情况，覆盖1～2层农膜、

1层保温被保温。②秋季定植后，可在大棚外覆盖遮阳网遮阴降温，避免高温伤苗。

## 47 辣椒对营养元素有哪些要求？

辣椒生长发育周期包括发芽期、幼苗期、开花结果期，从播种到定植到采收到最后拉秧，短的经历5～6个月，长的多达9～10个月，不仅需要氮、磷、钾等大量元素，还需要钙、镁、硼、锌等中微量元素。

（1）**养分需求**。每生产1000千克鲜椒，大约需要吸收氮（N）5千克、磷（$P_2O_5$）1千克、钾（$K_2O$）6千克，氮、磷、钾吸收比例约为1：0.2：1.2。

（2）**基肥**。土壤肥力、品种类型、栽培茬口、采收次数等不同，辣椒施肥数量也有所差别。要求每亩施入充分腐熟的优质有机肥3000～5000千克，并配合施入45%硫酸钾型复合肥料（15-15-15）80～150千克。

（3）**追肥**。辣椒进入开花结果期，养分需求明显增加，在采收盛期达到顶峰。当第一果实直径达2～3厘米大小时，应追1～2次氮肥，每亩追施复合肥5千克；每采收1～2次，每亩追施复合肥10千克；为提高植株的结果性能，还可通过叶面追肥补充中微量元素。

## 48 辣椒的施肥原则怎样把握？

（1）**测土配方施肥**。在辣椒生产过程中，以土壤测试和肥料田间试验为基础，根据辣椒需肥规律、土壤供肥性能和肥料效应，在合理施用有机肥料的基础上，提出氮、磷、钾及中微量元素等肥料的施用数量、施肥时期和施用方法。测土配方施肥技术的核心是调节和解决辣椒需肥与土壤供肥之间的矛盾，同时有针对性地补充辣椒所需的营养元素，实现各种养分平衡供应，满足辣椒的需要。测土配方施肥有利于减少肥料用量，提高肥料利用率，提高产量，改善产品品质。

（2）**合理增施有机肥**。有机肥营养成分齐全，含有丰富的有机质、腐殖质、多种矿物质营养元素，能满足辣椒对各种营养成分的需求，有利于均衡营养生长和生殖生长，有利于增加单位面积产量和改善果实商品性，有利于辣椒优质生产。增施有机肥，可以改良土壤，提高土壤肥力和有机质含量，提高辣椒植株的抗病抗逆能力。

（3）**严禁施用未腐熟的农家肥**。未腐熟的有机肥不仅不能通过根系直接吸收利用，而且常常在田间发酵导致"烧根"发生，还含有多种病原微生物、害虫蛹卵等，造成田间病虫害发生加重。因此，必须使用充分腐熟的人粪尿、畜禽粪便、秸秆等有机肥。

（4）**禁止使用重金属含量超标的肥料**。如重金属超标的磷肥、复混肥、微量元素肥料及有机肥、有机复合肥、有机生物肥等，以防对人体造成危害。

（5）**严禁施用生活垃圾及工业垃圾**。禁止使用城乡生活垃圾、医院的粪便垃圾和含有害物质的工业垃圾。医院粪便中含有多种病毒、病原菌、寄生虫及害虫蛹卵，工业垃圾中一般含有镉、砷、汞、铬等重金属元素，均会对人体健康造成危害。

## 49　辣椒生产如何施用底肥和追肥？

（1）**底肥**。以肥效持久的腐熟有机肥为主，每亩施用优质农家肥料5000千克、饼肥100千克，同时施入过磷酸钙50～100千克、硫酸钾50千克。基肥不宜施用含氮量较高的速效肥，农家肥、饼肥等有机肥必须预先充分腐熟后才能使用，否则易损伤植株根系，且诱发多种病虫害。塑料大棚和日光温室施肥，通常结合耕地进行，全棚均匀撒施，翻入土壤。有机肥入棚内，需要及时撒施，避免堆积时间过长，造成局部肥害。

（2）**追肥**。辣椒发生新根活棵后，结合浇水，及时追施提苗肥，冲施复合肥10千克/亩。门椒长到2～3厘米大小，追施促果肥一次，每亩冲施复合肥15～20千克。在盛果期，需要及时追肥，促进植株果实膨大，维持植株连续结果性能，避免因缺肥造成植株坐果"断层"。盛果期追肥，一般每浇水1次，追肥1次；也可掌握每采收2次追肥1次的原则。盛花盛果期，对营养元素吸收达高峰，必要时喷施叶面微肥，如0.3%磷酸二氢钾溶液、0.2%硝酸钙溶液等，提高植株保花保果性能，预防果实发生脐腐病。生长后期，根系活力有所降低，吸肥能力开始衰退，可以结合防病治虫追施叶面肥，肥效要快，用量要小。

## 50 怎样进行辣椒的水肥一体化管理？

水肥一体化是将灌溉与施肥融为一体的农业技术，具有水肥利用率高、省时省力、控温控湿、增加产量、改善品质、减少污染等优点。根据辣椒生产需求，选择合适的水肥一体装置，配上相应的滴灌装置，便可进行水肥一体管理。

（1）**水肥一体装置**。①供水装置。由供水池、水泵、管网、过滤器及阀门组成。②供肥装置。包括施肥器、阻塞阀、压力表、入口阀和出口阀等装置（图4-11）。③过滤混合装置。由筛网、过滤器和施肥器等组成。④滴灌装置。由田间管网和滴灌管线组成。

图4-11　辣椒水肥一体化供肥装置（王述彬　提供）

（2）**系统安装**。整地施肥后，先将主水管与畦向垂直铺于地头，再将支管沿畦向铺在畦面上，使滴管出水小孔向上，连接主水管和支管，最后将施肥器与主管的供水管控制阀门并联安装，主管和支管在尾部采用打结封堵。安装完毕后在畦面覆盖地膜。

（3）**冲施肥选择**。适合水肥一体化中微灌施肥的肥料应该能够迅速地完全溶于水，且肥料之间不产生拮抗，杂质含量低，不会堵塞过滤器和滴头。使用时，配兑成的肥液与灌溉水一起，通过可控的管道和滴灌带（滴头），均匀、定时、定量滴灌到辣椒根际，保持根际土壤疏松和适宜的水分与养分供应，提高水肥利用率，减少污染，改良土壤，省时省力，降低成本，冬春提高地温，降低湿度，提高产量，改善品质。

## **51** 怎样进行棚室辣椒的温光调控?

（1）**选用优质棚膜。**为增加棚膜的透光率，宜选用流滴性强、透光率高、使用时间长的优质农膜，如PVC（聚氯乙烯）无滴膜、PE（聚乙烯）复合多功能膜、EVA（乙烯–醋酸乙烯共聚物）等。

（2）**保持棚膜清洁。**①定期清扫棚膜，清理干净棚膜表面的草屑、灰尘等杂物。②冬春季栽培，在雪天，及时扫除棚膜上的积雪，增加大棚内光照，同时防止积雪过多压垮大棚。

（3）**调节光照。**①棚室栽培，11月至第二年3月期间，不论是晴天还是阴天，在辣椒植株不受冷害的前提下，早揭、晚盖保温被，让辣椒植株多见光，提高植株的光补偿点和光合作用，促进植株开花结果；有条件的可增加补光系统，尽量满足辣椒生长对光照的需求。②夏秋季栽培，如遇高温强光天气，在棚膜上加盖黑色遮阳网，通过遮阴降低棚室内温度，避免高温危害（图4-12）。

**图4-12 覆盖遮阳网遮阴降温（潘宝贵 提供）**

## 52 怎样进行辣椒夏秋季避雨栽培?

夏秋温光资源充足,但雨水较多且病虫害发生严重,采用简易的避雨措施栽培辣椒,相比露地栽培不仅大幅提高辣椒产量和品质,而且能获得较高的效益,满足伏缺辣椒市场需求。

(1)避雨设施。①竹木结构中小棚。棚高2～2.5米,宽4～6米,棚架使用期限一般为2年。②钢结构中小棚。棚高2.5～3米,宽度6～8米,棚架使用8～10年。

(2)避雨栽培。根据辣椒的茬口安排,育好椒苗,定植前1周搭建好避雨设施,盖上棚膜,整地施肥,开沟起垄,定植后加强肥水管理,促早发棵早结果,夏秋雨季期间,提早清理排水沟,防止田间积水、淹水,加强病虫害防治,有利于提高产量和产品质量(图4-13)。生产结束后可根据茬口安排和需要,拔除设施妥善保管,待来年再用。

图4-13 辣椒避雨栽培(王述彬 提供)

## 53 辣椒怎样整枝?

(1)整枝方式。①三干整枝法。按"留强去弱"原则,保留生长势强的

3条结果枝，剪除其他侧枝。三干整枝的株型小，适于密植，有利于收获早期产量，适于较大果型品种的高产优质栽培（图4-14）。②四干整枝法（也叫双杈整枝法）。保留四门斗椒上的4对分枝中的一条粗壮侧枝作为结果枝。株型大小适中，兼顾了早期产量和总产量。适于大多数甜椒类和牛角椒类品种的高产、优质栽培。③不规则整枝法。侧枝长到15厘米左右后，将门椒以上的侧枝打掉。结果中后期，根据田间的封垄及植株的结果情况对过于密集处的侧枝进行适当疏枝。适于羊角椒类品种，其他类型品种的早熟栽培以及露地粗放栽培。

图4-14　辣椒三干整枝（潘宝贵　提供）

（2）注意事项。①辣椒整枝时，门椒下的侧枝应及早全部抹掉；时间要适宜，选择晴暖天上午整枝，以减少发病。②时机要适宜，抹杈不要太早，待侧枝涨到10～15厘米长时开始抹杈；位置要适宜，要从侧枝基部1厘米左右将侧枝剪掉，避免伤口感染。③用具要适宜，要用剪刀或快刀将侧枝从枝干上剪掉或割掉；不要伤害茎叶，抹杈时动作要轻，避免拉断、碰断枝条或损伤叶片。④要及时抹杈，不要漏抹，辣椒的侧枝生长较快，要勤抹杈，一般3天左右抹杈1次；要与防病结合进行，以免受病菌侵染。

**54** 辣椒发生畸形果的原因及防治方法有哪些？

（1）辣椒畸形果与正常果实果型相比有差异，如出现扭曲、皱缩、僵小、畸形等（图4-15），横剖果实可见果实里种子很少或无，有的发育受到严重影响的部位内侧变褐色，失去商品价值，严重影响辣椒的质量和产量。

图 4-15　辣椒僵果（潘宝贵　提供）

（2）**发生原因。**①温度。辣椒花粉发芽适宜温度为20～30℃，超出这个范围引起花粉萌发率降低，容易产生畸形果；当温度低于13℃时，基本上不能正常受精，出现单性结实，形成僵果；当出现雌蕊比雄蕊短的短花柱花时，容易形成单性结实的变形果。②光照、肥水。当光照不足时，光合产物减少，再加上留果过多，果实得到的养分不足或光合产物分配不均，就会增加畸形果的数量。③根系发育。当根系受到伤害、土壤干旱缺水、土壤溶液浓度过大等情况时都会影响根系对养分的吸收，也容易产生畸形果。

（3）**防治方法。**①冬季或早春季节要特别注意棚内保温。温度可控制在白天22～30℃，夜间18～20℃。②肥水补充要及时，定期喷施叶面肥，补充营养，确保植株健壮生长，从而减少畸形果的发生。喷洒氨基酸、甲壳素或含钾高的叶面肥，提高植株抗逆性，有利于果实的正常生长发育。还要注意平衡施肥，减少氮肥的施用量，前期增施钾肥。在晴好天气时，大棚草帘要早拉晚放，保证足够长的光照时间，及时除去大棚膜表面浮尘，保持薄膜良好的透光性。③增施有机肥和生物肥，促进根系发育。改善土壤环境，促进根系生长，降低土传病害的发生。④合理整枝打杈，及时疏枝疏叶，维持良好的风光条件和健壮的生长势。

# 第五章

## 辣椒病虫草害绿色防控

### 55 江苏辣椒生产的病虫害发生特点有哪些?

（1）**发生季节性拉长**。日光温室或塑料大中棚栽培，创造了适宜辣椒生长的小气候环境，辣椒生产期大大延长，休闲时间少，同时也为辣椒病原菌、害虫的生长发育营造了一个舒适的环境。棚室病虫害的发生为害时间拉长，可以周年繁殖，四季为害。

（2）**喜湿病原菌、害虫发生严重**。冬春季节，由于需要闭棚保温，导致棚室内湿度大，空气相对湿度往往可达90%～100%，植株表面常凝结有露珠，致使灰霉病、疫病、菌核病、霜霉病、软腐病等病害发生严重，同时喜潮湿的蜗牛、蛞蝓等害虫时有发生。

（3）**小型害虫为害严重**。由于棚室栽培管理强度大，隔离条件好，蚜虫、蓟马、白粉虱、螨类、斑潜蝇等小型害虫，可在棚室内持续生长繁殖为害。

（4）**土传病害严重**。江苏地区90%左右为设施栽培，固定性强，不易实行轮作栽培，多年种植，有利于辣椒土传病害病原菌的积累和繁殖，致使土传病害发生加重。

### 56 辣椒病虫害防治原则是什么?

辣椒生产中，需要秉承"预防为主，综合防治"的防治原则。具体生产实践中，即以"辣椒–环境"为中心内容，采用多层次、全方位的调控与防治措施，既能经济有效地控制病虫害的发生水平，又能确保辣椒产品的安全性。

（1）**预防为主**。①选用优质抗病品种、实行轮作、改良土壤、施用腐熟有机肥、适期定植、科学管理，提高植株的抗病、抗逆能力。②通过种子消毒、土壤消毒、棚室消毒、定期用药等物理、生物、化学等措施，预防病虫害的发生和危害。

（2）**早期防治**。密切关注田间辣椒病虫害的发生特点和趋势，在发生初期，用生物防治、物理防治并结合化学防治等措施，及早控制病虫害的发生，减少蔓延。

（3）**综合防治**。病虫发生后，应在前期及时采取相应措施，合理使用化学农药，结合物理防治及生物防治，既能有效阻止病虫害进一步蔓延，又能保护环境、提高辣椒产量和品质。

## **57** 怎样利用农业措施防治辣椒病虫害？

（1）**实行轮作制度**。由于受到土地资源、设施条件的限制，辣椒的连作现象十分普遍，连作障碍严重，辣椒疫病、根结线虫病等土传病害对辣椒产量的影响极大。与葱蒜类、十字花科类、根菜类等蔬菜作物或与水稻、玉米等大田作物轮作，可有效克服连作障碍，其中稻椒轮作的效果最佳。

（2）**加强通风换气**。棚室辣椒栽培，通风换气具有降温、排湿、补充二氧化碳、排除有害气体等多重作用。通风时间长短、通风口大小应根据棚室内外温度而定，掌握"先小后大"的原则，注意防止冷风直接吹入棚室内。采用物联网技术，可以随时掌握棚室内的温度、湿度情况，确保及时通风换气。

（3）**合理施用有机肥**。有机肥营养成分全面、肥力持久，可改善辣椒根系的生长环境，对促进辣椒植株健壮生长、满足植株持续开花结果具有重要的作用。化学肥料效果明显，但过度使用化肥，不但会降低辣椒产品的品质，还会加剧土壤的次生盐渍化。

（4）**水肥一体化**。采用膜下滴灌施肥和供水，不仅可以大大降低田间湿度，减轻病害发生，而且能够提高肥料和水的利用率，节省人工成本，增产增效。

（5）**无土栽培**。采用营养液或固体基质加营养液栽培的方法。与常规土壤栽培比较，无土栽培产量高、品质好、节约水分和养分、清洁卫生、省力省工、易于管理，同时还可以避免土壤连作障碍，非常适合辣椒的绿色产品的生产。

## 58 怎样利用物理措施防治辣椒病虫害？

（1）**高温闷棚**。在换茬、闲茬期间，利用夏秋季的高温炎热天气，灌满水，盖严塑料薄膜，关好棚室门和放风口，密闷棚室7～15天，使棚室内温度尽可能提高，可有效预防疫病、青枯病、根腐病等土传病害发生，同时高温也能杀死线虫及其他虫卵。施入有机肥后进行高温闷棚，不但可杀灭肥料的病菌，还可促进营养成分的分解，有利于植株的吸收。

（2）**温汤浸种**。温汤浸种简单、经济，不但可杀死附着在种子上的病菌，而且可以促进种子吸收水分。辣椒温汤浸种使用55～60℃的热水，水量是种子的6倍左右，将种子放入水中不停地搅拌10～15分钟，水温降至30℃时停止搅动，直接播种或催芽后播种。

（3）**色板诱杀**。有翅蚜虫、粉虱、斑潜蝇等害虫有趋黄习性，可用黄色诱虫板诱杀；蓟马等害虫具有趋蓝的习性，可用蓝色诱虫板诱杀（图5-1）。实际使用时，根据虫害的发生情况，单独使用或同时使用不同颜色的诱虫板。

图5-1 采用黄色和蓝色诱虫板诱杀害虫（王述彬 提供）

（4）**防虫网隔离**。防虫网可有效阻止虫害入侵，大幅度减少杀虫剂的使用量，是绿色辣椒栽培的关键技术之一。辣椒生产中，主要在夏秋育苗使用防虫网，一般选用规格为25～40目的银灰色网，可以有效隔离蚜虫、烟粉虱等主要害虫的侵害，对育苗棚内的通风透气影响较小（图5-2）。防虫网覆盖主要有全网覆盖法和网膜结合覆盖法，四周接地处用土压紧，形成大棚内部与外界完全隔离的空间。

图 5-2 大棚两侧采用 40 目防虫网隔离（潘宝贵 提供）

（5）驱避蚜虫。银灰色地膜透光率为15%，反光率高于35%，反光中带有红外线，对蚜虫有驱避作用。在大棚通风口处可悬挂银灰色膜，用来驱避蚜虫，并且可以增加棚室内的光照。

## 59 生物防治辣椒病虫害的优点与注意事项有哪些？

（1）以天敌治虫。在保护地栽培环境中，保护并利用天敌防治害虫，如利用广赤眼蜂防治棉铃虫、烟青虫、菜青虫等害虫，利用丽蚜小蜂防治温室粉虱等害虫，利用烟蚜茧蜂防治桃蚜、棉蚜等害虫。

（2）以植物源农药治虫。苦参碱对菜青虫、菜蚜、粉虱等具有触杀与胃毒作用，印楝素对甜菜夜蛾幼虫、茶黄螨、蓟马等具有胃毒、触杀和拒食作用，烟碱对蚜虫、菜青虫、烟青虫、粉虱、烟粉虱等具有触杀、熏蒸、胃毒作用，除虫菊对菜蚜、葱蓟马、叶蝉等具有触杀作用。

（3）以微生物源农药治虫。苏云金杆菌及其混配剂对烟青虫、棉铃虫等大多数鳞翅目害虫的幼虫具有胃毒作用，阿维菌素对蚜虫、蓟马、叶螨、斑潜蝇等具有胃毒与触杀作用，棉铃虫核型多角体病毒对棉铃虫与烟青虫等具有胃毒作用，斜纹夜蛾核型多角体病毒对斜纹夜蛾幼虫具有胃毒作用。

（4）以微生物源农药治病。武夷菌素可防治辣椒白粉病，宁南霉素可烟草花叶病毒病，硫酸链霉素、硫酸链霉素·土霉素对辣椒疮痂病、青枯病、软腐病、叶斑病等细菌性病害具有较好的防治效果。

## 60 化学防治辣椒病虫害的原则有哪些？

（1）**对症下药**。辣椒的病害有非侵染性病害（生理性病害）与侵染性病害之分，侵染性病害的病原主要为病毒、真菌、细菌、线虫。真菌性病害有明显的病斑病征，而且会长出霉、粉、锈、毛状类的菌丝繁殖体等；细菌性病害有明显的病斑病征，条件适宜时会流出黏稠的菌脓、胶状体等；病毒病没有明显的侵染痕迹，主要是花叶、矮化、丛枝、蕨叶等生长畸形症状。用药时，要正确辨别病害的种类，有针对性地选择合适的药剂防治。

（2）**适时用药**。辣椒害虫随着虫龄增长，其抗药性也逐渐增强，实际防治时，需要加强病虫害的测报工作，及时掌握病情、虫情，根据病虫害的发生规律，严格掌握最佳的防治时期。杀虫剂的最佳用药期应在幼虫期3龄前；对于钻蛀性害虫，如棉铃虫、烟青虫、斑潜蝇等，应在卵孵化高峰期用药，成虫期可采用性诱剂诱杀，防治效果明显。

（3）**交替用药**。长期使用某一种或某一类型的农药防治病虫害，病原菌或害虫会逐渐形成对药剂的抗药性。交替用药则是克服和延迟病虫产生抗药性的有效办法之一。可交替使用不同作用机制且没有交互抗性的药剂。交替用药不但能提高单种药剂的防治效果，而且能延长某种优良农药的使用年限。

（4）**混合用药**。多种病虫害同时发生时，需要采用混合用药，以达到一次施药控制多种病虫害的目的。混用农药要根据药剂的理化性质进行，以2～3种药剂为宜，不宜过多，以免出现药害（图5-3）。实际使用时，不能先混合两种单剂，再用水稀释，而是先用足量的水先配好一种单剂的药液，再用这种药液稀释另一种单剂，从而保持不同药剂有效成分的化学稳定性，保证药液的物理性状不被破坏，避免出现乳化不良、分层、浮油、沉淀、絮结等现象。

**图5-3　辣椒叶片药害（潘宝贵　提供）**

（5）**灵活选用农药剂型和施药方法**。辣椒保护地栽培，冬春季以寡照、高湿的设施环境为主。为了不增加棚室内的湿度，应优先选用百菌清、腐霉利、异丙威等烟剂，或选用百菌清、霜脲·锰锌等漂浮粉剂，只有在烟剂、漂浮粉剂不能有效控制病虫为害的情况下，才考虑采用喷雾、灌根的用药方法。

（6）**严格掌握农药的安全间隔期**。辣椒产品中的农药残留也是普遍关心的问题之一。为确保辣椒产品的安全性，最后一次喷药与收获之间的时间必须大于安全间隔期。不同药剂的安全间隔期不同，使用符合绿色要求的农药，杀菌剂的安全间隔期一般为5～7天，杀虫剂的安全间隔期一般为7～9天，需要严格掌握，禁止在安全间隔期内采收上市。

## 61　如何进行辣椒土传病害的综合防治？

（1）**轮作换茬**。①采用轮作制度，避免连作。冬春季茬口、春提早茬口辣椒生产，可采用稻椒轮作；秋延后茬口辣椒生产，可采用麦椒轮作。②与豆类、叶菜类、葱蒜类等作物轮作。

（2）**及时清茬**。①前茬收获后，立即清理作物的枯枝败叶，防止病菌的积累。②中心病株症状严重时，小心拔出，及时带出棚室，集中销毁。

（3）**土壤消毒。**①石灰氮消毒。每 666.7 米² 用石灰氮 80 ～ 100 千克，撒于地表，立即翻耕，灌入大水浸湿土壤，覆盖废旧薄膜，闷棚 20 ～ 30 天。②高温闷棚。结合石灰氮消毒，利用 7 ～ 8 月高温天气，进行闷棚处理，土壤温度可达到 55℃ 以上，可有效杀灭土壤中的病原菌。

（4）**培育适龄壮苗。**①选用抗病品种，特别是辣椒青枯病、疫病等抗病品种。②做好育苗场所、穴盘、基质、种子的消毒工作。③控制苗床的温度、湿度、光照，科学肥水管理，避免辣椒徒长苗、僵苗的发生。④定植前 1 ～ 2 天，采用广谱性杀菌剂喷雾或蘸根处理，提高幼苗的抗病性。

（5）**科学管理。**①生长前期，以促根生长管理为主，可在定植时采用福美双结合辣椒专用生根剂蘸根，缓苗结束后至开花坐果前，适当控制肥水，以利促根。②对于连作土壤，不必覆盖地膜，在植株封行前，中耕培土 1 ～ 2 次，以利植株根系生长。③在结果期，采用滴灌补水补肥，避免大水大肥导致土壤板结。

（6）**及时防治。**①定植时，采用广谱性杀真菌和杀细菌药剂混配药液，进行灌根预防；活棵后，灌根预防 1 次。②若秧苗长势较弱，可搭配使用促进根系生长的营养液。③灌根防治症状轻微病株或者疑似病株，一般每隔 5 天防治一次。④及时拔除病死株，集中销毁；对病死株的根际土壤，用生石灰粉消毒，防治病菌的扩大蔓延。⑤土传性病害的种类较多，使用 2 ～ 3 种杀菌剂混合使用效果更好。

## 62 如何防治辣椒猝倒病？

（1）**危害症状。**由瓜果腐霉菌引起的真菌性病害。主要在苗期发病。辣椒幼苗被害后，茎基部出现水浸状淡黄绿色的病斑，很快变成黄褐色，并缢缩呈线状，病情迅速发展，有时子叶还未凋落，幼苗便倒伏。倒伏的幼苗短期内仍为绿色，湿度大时病株附近长出白色棉絮状菌丝。发病严重时，受病菌侵染，可造成胚轴和子叶变褐腐烂（图 5-4）。

（2）**防治方法。**①对种子进行消毒灭菌处理。选择地势高燥、避风向阳、排水良好、土质疏松、土壤肥沃地块建设苗床，育苗前对日光温室、大棚、穴盘、基质、农具进行消毒处理。加强苗期温度、水分、营养、光照管理，提高幼苗抗病性。②发病初期，选用恶霉灵，或腐霉利，或 72.2% 霜霉威盐酸盐水剂600倍液，喷雾，每隔7～10天防治1次，视病情连续防治1～2次，采用干细土拌匀撒施，防治效果会更好。

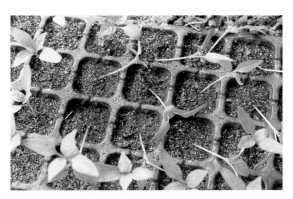

图5-4　辣椒猝倒病（王述彬　提供）

## 63　如何防治辣椒疫病？

（1）**危害症状**。由辣椒疫霉菌引起的真菌性病害。通常在茎基部发病，整株逐步萎蔫死亡，有时在辣椒的分杈处出现暗绿色病斑，并向上或绕茎一周迅速扩展，变成暗绿色至黑褐色，一侧发病时发病一侧枝叶萎蔫，病斑绕主茎一周发病时全株叶片自下而上萎蔫脱落，最后病斑以上枝条枯死（图5-5）。叶片受害时，病斑圆形或近圆形，直径2～3厘米，病斑边缘黄绿色，中央暗褐色，发病迅速，叶片变为黑褐色，枯缩，脱落。果实发病时，多从果实蒂部开始发病，形成暗绿色水浸状不规则形病斑，边缘不明显，很快扩展遍及全果，颜色加重，呈暗绿色至暗褐色，甚至果肉和种子也变褐色，潮湿时果面长出稀疏的白色絮状霉层。

（2）**防治方法**。①选用对疫病具有抗性的优良辣椒品种。对种子进行消毒灭菌处理。实行轮作换茬，避免与番茄、茄子等茄科作物连作，最好能与水稻、玉米等禾本科作物轮作，也可与叶菜类、葱蒜类、十字花科类、根菜类等蔬菜作物连作。培育壮苗，施足底肥，适时定植，科学管理，加强通风排湿，改善田间通风透光条件，提高植株抗性。②辣椒活棵后，随水每亩使用硫酸铜1千克，有较好的预防效果。③发病初期，选用60%琥铜·乙膦铝可湿性粉剂500倍液，或78%波尔·锰锌可湿性粉剂500倍液，或58%甲霜·锰锌可湿性粉剂400～500倍液，或64%恶霜·锰锌可湿性粉剂500倍液，或40%三乙膦酸铝可湿性粉剂200倍液，或25%甲霜灵可湿性粉剂600～700倍液，或72.2%霜霉威盐酸盐水剂700～800液，喷淋植株根部防治。也可选用50%琥铜·甲霜灵可湿性粉剂800倍液，或60%琥铜·乙膦铝可湿性粉剂500倍液，或64%恶霜·锰锌可湿性粉剂300倍液，或25%甲霜灵可湿性粉剂1000倍液，灌根，每株50毫升，每隔10～15天防治1次，连施2次。

图5-5　辣椒疫病（王述彬　提供）

## 64　如何防治辣椒病毒病？

（1）危害症状。由辣椒轻斑驳病毒（PMMoV）、黄瓜花叶病毒（CMV）、蚕豆萎蔫病毒（BBWV）、烟草蚀纹病毒（TEV）、番茄斑萎病毒（TSWV）、烟草花叶病毒（TMV）、番茄花叶病毒（ToMV）、马铃薯X病毒（PVX）、马铃薯Y病毒（PVY）、苜蓿花叶病毒（AMV）等引起的病害，江苏省辣椒病毒病主要由PMMoV、TMV、ToMV等引起。主要有花叶、黄化、坏死和畸形等四种症状（图5-6）。①花叶。轻型花叶表现微明脉和轻微褪色，继而出现浓淡相间的花叶斑纹，植株没有明显矮化，不落叶，也无畸形叶片或果实。重型花叶除表现褪绿斑驳外，叶面凹凸不平，叶脉皱缩畸形，或形成线形叶，生长缓慢，果实变小，严重矮化。②黄化。病叶明显变黄，出现落叶现象，严重时，大部分叶片黄化落掉，植株停止生长，落花、落果严重。③坏死。病株部分组织变褐色坏死，表现为条斑、顶枯、坏死斑驳等症状。初发病时叶片主脉呈褐色或黑色坏死，沿叶柄扩展到侧枝和主茎及生长点，出现系统坏死条斑，后造成落叶、落花、落果，严重时整株枯死。④畸形。叶片畸形或丛簇型开始时植株心叶叶脉退绿，逐渐形成深浅不均的斑驳，叶面皱缩，病叶增厚，产生黄绿相间的斑驳或大型黄褐色坏死斑，叶缘向上卷曲。幼叶狭窄，严重时呈线状，后期植株上部节间短缩呈丛簇状。

黄化、花叶

坏死

畸形

图 5-6　辣椒病毒病（郭广君　提供）

（2）**防治方法**。①选用抗 CMV、TMV、TSWV 等病毒病的辣椒品种。②露地栽培，与高粱、玉米等高秆作物间作能减轻病毒病发生。培育壮苗，施足底肥，适时定植，科学管理，提高植株抗性，可以有效减轻病毒病对辣椒植株的危害。注意农事操作时的接触传染。③蚜虫是辣椒病毒病的主要传播媒介，所以辣椒病毒病的防治重点在于蚜虫的防治，铺挂银灰色膜规避蚜虫，悬挂黄色板诱杀蚜虫，利用防虫网阻隔蚜虫入侵，必要时喷药防治。④播种前，选用10%磷酸三钠溶液浸种20～30分钟，或高锰酸钾200倍液浸种60分钟，或福尔马林200倍液浸种1小时。也可用干热法（充分晒干后，72℃处理72小时）消毒。⑤发病初期，选用1.5%植病灵乳剂1000倍液，或2%宁南霉素水剂200倍液，或0.5%菇类蛋白多糖水剂250～300倍液，或10%混合脂肪酸水乳剂100倍液，或1.5%烷醇·硫酸铜水乳剂1000倍液，或20%吗呱·乙酸铜可湿性粉剂500倍液，喷雾，每隔7～10天防治1次，视病情连续防治3～4次。

## 65 如何防治辣椒炭疽病？

（1）**危害症状**。由辣椒刺盘孢菌和果腐刺盘孢菌引起的真菌性病害。炭疽病主要为害果实、叶片，果梗也可受害。果实发病时，初现水渍状黄褐色圆斑，很快扩大呈圆形或不规则形，凹陷，有稍隆起的同心轮纹，病斑边缘红褐色，中央灰色或灰褐色，同心轮纹上有黑色小点（图5-7）。潮湿时，病斑表面溢出红色黏稠物，被害果实内部组织半软腐，易干缩，致病部呈膜状，有的

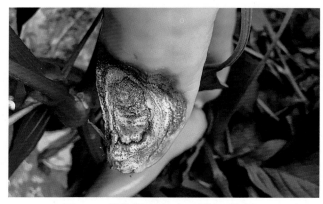

图5-7 辣椒炭疽病（王述彬 提供）

破裂。叶片染病，初呈水浸状褪色绿斑，后逐渐变为褐色。病斑近圆形，中间灰白色，上有轮生黑色小点粒，病斑扩大后呈不规则形，有同心轮纹，叶片易脱落。

（2）**防治方法**。①选用抗炭疽病的辣椒品种。对种子进行消毒灭菌处理。实行轮作换茬，避免与辣椒、土豆等茄科作物连作，最好能与葱蒜类、十字花科蔬菜、根菜类、禾本科作物轮作。培育壮苗，施足底肥，适时定植，膜下滴灌，改善田间通风透光条件，科学管理，提高植株抗性。②发病初期，选用80%福·福锌可湿性粉剂800倍液，或78%波尔·锰锌可湿性粉剂500倍液，或70%代森锰锌可湿性粉剂400～500倍液，或70%甲基硫菌灵可湿性粉剂600～800倍液，或75%百菌清可湿性粉剂700倍液，或50%多菌灵可湿性粉剂500倍液，或50%苯菌灵可湿性粉剂1500倍液，喷雾，每隔7～10天防治1次，视病情连续防治2～3次。

## 66 如何防治辣椒青枯病？

（1）**危害症状**。由青枯假单胞杆菌引进的细菌性病害。发病初期，植株顶端嫩叶急剧萎蔫，夜间或阴雨天可恢复，但很快整株萎蔫不再恢复。地上部叶色较淡，后期叶片变褐枯焦。病茎外表症状不明显，纵剖茎部维管束变褐色，横切面保湿后可见乳白色黏液溢出。酸性土壤更容易发病。

（2）**防治方法**。①对种子进行消毒处理。用石灰氮改良土壤，实行轮作，避免连茬或重茬，尽可能与禾本科作物实行轮作。培育壮苗，施足底肥，适时定植，科学管理，提高植株抗性。②发病初期，选用72%硫酸链霉素可溶粉剂4000倍液，或77%氢氧化铜可湿性粉剂500倍液，或14%络氨铜水剂300倍液，灌根，每隔7～8天防治1次，视病情连续防治2～3次。

## 67 如何防治辣椒白粉病？

（1）**危害症状**。由鞑靼内丝白粉菌引起的真菌性病害。主要为害叶片，老叶、嫩叶均可染病。病叶下面初生褪绿小黄点，后扩展为边缘不明显的褪绿黄色斑驳，病部背面产出白粉状物（图5-8）。严重时病斑密布，全叶变黄，病害流行时，白粉迅速增加，覆盖整个叶部，叶片产生离层，大量脱落形成光杆，严重影响产量和品质。

**图5-8 辣椒白粉病（王述彬 提供）**

（2）**防治措施**。①农业防治。通常温暖湿润的天气，施用氮肥过多或肥料不足，植株生长过旺或不良，白粉病发生较重。在辣椒生产中，实行轮作制度，培育壮苗定植，增施有机肥，适时定植，科学管理，加强棚室的通风排湿，促进植株健壮生长，减少田间病害发生。②药剂防治。发病前期或发病初期，选用20%三唑酮乳油2000倍液，或70%甲基硫菌灵可湿性粉剂1000倍液，或50%苯菌灵可湿性粉剂1000倍液，或40%氟硅唑乳油8000～10000倍液，或30%氟菌唑可湿性粉剂1500～2000倍液，喷雾，每5～7天防治1次，连续2～3次。

## 68 如何防治辣椒根腐病？

（1）**危害症状**。由腐皮镰孢霉菌引起的真菌性病害。一般在成株期发生，发病部位主要在辣椒根茎及根部。初发病时，枝叶萎蔫，逐渐呈青枯状，白天萎蔫，早、晚恢复正常，反复多日后枯死，但叶片不脱落。根茎部及根部皮层呈水渍状、褐腐，维管束变褐（图5-9）。植株容易拔起，根系仅剩少数粗根。

**图5-9　辣椒根腐病（潘宝贵　提供）**

（2）**防治措施**。①与十字花科或葱蒜类等蔬菜作物轮作3年以上；采用深沟高畦栽培；施用充分腐熟的有机肥；及时清沟排水、清除病残体。②种子选用50%多菌灵可湿性粉剂500倍液浸种1小时，洗净后催芽或晾干后播种。苗床可用50%多菌灵可湿性粉剂，每米²苗床用药10克，拌细土撒施。营养土选用97%恶霉灵可湿性粉剂3000～4000倍液喷淋，充分拌匀。③在发病前、田间出现中心病株后，及时用药，选用50%甲基硫菌灵可湿性粉剂500倍液，或50%多菌灵可湿性粉剂600～800倍液，或60%多菌灵盐酸盐可湿性粉剂800倍液，或50%苯菌灵可湿性粉剂1500倍液，喷淋植株根部，每7～10天防治1次，连续3～4次。

## ⑥⑨　如何防治辣椒枯萎病？

（1）**危害症状**。由辣椒镰孢霉菌引起的真菌性病害。发病初期，病株下部叶片大量脱落，与地表接触的茎基部皮层呈水浸状腐烂，地上部枝叶迅速凋零；有时病部只在茎的一侧发展，形成一纵向条坏死区，后期全株枯死。病株地下部根系呈现水浸状腐烂，皮层极易剥离，木质部变成暗褐色至煤烟色。

（2）**防治方法**。①选用抗耐病品种。实行轮作，避免连茬或重茬，增施有机肥，培育壮苗，适时定植，加强肥水管理，及时通风排湿，改善田间通风透光条件，提高植株抗性。②发病初期，选用2亿个活孢子/克木霉菌可湿性粉剂600倍液，或50%琥胶肥酸铜可湿性粉剂400倍液，或14%络氨铜水剂300倍液，或60%多菌灵盐酸盐可湿性粉剂800倍液，灌根，每株灌药液250毫升，每7～10天防治1次，视病情连续防治2～3次。

## 70 如何防治辣椒灰霉病？

（1）**危害症状**。由灰葡萄孢菌引起的真菌性病害。幼苗染病，子叶先端变黄，后扩展到幼茎，致茎缢缩变细，由病部折断而枯死，在育苗后期引起烂叶、烂茎、死苗。叶片染病，病叶表面产生大量的灰褐色霉层，真叶叶片上的病斑呈"V"字形，并有浅褐色的同心轮纹。成株期染病，茎部先发病，茎上初生水浸状不规则斑，后病斑变灰白色或褐色，并绕茎一周发展，使病部以上枝条萎蔫枯死，病部表面产生灰白色霉状物。后期在被害的果、花托、果柄上也长出灰色霉状物。

（2）**防治方法**。①选用耐病的优良品种。实行轮作换茬，避免与辣椒、番茄、茄子、土豆等茄科作物连作，最好能与水稻进行水旱轮作。培育壮苗，增施有机肥，采用膜下滴灌，加强通风，降低田间湿度。②播种前，可用50%多菌灵可湿性粉剂500倍液浸种2小时；也可选用50%多菌灵可湿性粉剂，或50%福美双可湿性粉剂，用量为种子质量的0.4%，拌种。③发病初期，选用50%腐霉利可湿性粉剂2000倍液，或72%霜脲·锰锌可湿性粉剂600倍液，喷雾，每隔7～10天防治1次，视病情连续防治2～3次。阴雨天，可选用45%百菌清烟剂，每亩用量200～250克，或10%腐霉利烟剂，每亩用量200～300克。

## 71 如何防治辣椒菌核病？

（1）**危害症状**。由核盘菌引起的真菌性病害。在辣椒整个生育期均可发生。苗期发病开始于茎基部，病部初呈浅褐色水渍状，湿度大时，长出白色棉絮状菌丝，呈软腐状，无臭味，干燥后呈灰白色，菌丝体结为菌核，病部缢缩，秧苗枯死。成株期各部位均可发病，先从主茎基部或侧枝5～20厘米处开始，初呈淡褐色水浸状病斑，稍凹陷，渐变灰白色，湿度大时也长出白色菌丝，皮层霉烂，在病茎表面及髓部形成黑色菌核，干燥后髓空，病部表皮易破（图5-10）；花蕾及花受害，现水渍状，最后脱落；果柄发病后导致果实脱落；果实发病，开始呈水渍状，后变褐腐，稍凹陷，病斑长出白色菌丝体，后形成菌核。

图5-10　辣椒菌核病（王述彬　提供）

（2）防治措施。①注意栽培地块选择，应选择地势高燥、排水良好的田块进行育苗和定植；严格轮作；增施磷钾肥，实行深耕，阻止菌核病原。清洁田园，及时剪除病枝、病叶，及时拔除病株，以防病害继续恶化。加强田间管理，包括加强通风透光、开沟排水、降低湿度等。②选用50%异菌脲可湿性粉剂或50%多菌灵可湿性粉剂拌种，用药量为种子质量的0.4%～0.5%。③发病初期，选用20%甲基立枯磷乳油1000倍液，或50%甲基硫菌灵可湿性粉剂500倍液，或50%多菌灵可湿性粉剂500倍液，或50%腐霉利可湿性粉剂1000倍液，喷雾，每5～7天喷一次，连续2～3次。也可选用烟剂防治，如10%腐霉利烟剂（每667米²200～300克）或45%百菌清烟剂（每667米²

200～250克），每隔10天防治1次，连续防治2～3次。

## 72 如何防治辣椒白绢病？

（1）**危害症状**。由白绢薄膜革菌引起的真菌性病害。植株接近地面茎基部表皮首先腐烂，初呈暗褐色水渍状病斑，随后病部凹陷，表皮长出白色绢丝状菌丝体，呈辐射状向四周扩展，病斑环绕茎基部一周后，植株萎蔫，叶片凋萎、干枯、脱落，逐渐整株枯死，发病后期在病部菌丝上产生许多褐色或淡褐色小菌核。根部受害时，皮层腐烂，在病根上产生稀疏的白色菌丝。与地面接触的果实也可发病，发病后果实软腐，表面有白色绢丝状菌丝体（图5-11）。

图 5-11 辣椒白绢病（潘宝贵 提供）

（2）**防治措施**。①与水生蔬菜轮作或稻椒轮作；定植前每亩施入生石灰100～150千克，深翻入土；使用充分腐熟的有机肥，适当追施硝酸铵；及时拔除病株，集中深埋或烧毁，并在病株穴内撒入生石灰。②播种前，先用55℃温水浸种20分钟（注意要不断搅动），然后用30℃清水浸泡4小时，最后再用1%的硫酸铜溶液浸种5分钟，杀死种子携带的大部分病菌。③在发病初期，选用15%三唑酮可湿性粉剂与细土按1:（100～150）比例混合均匀，撒在病株根茎处；也可选用77％氢氧化铜可湿性粉剂600倍液，或77％可杀得可湿性粉剂600倍液，在茎基部进行喷淋，每隔7～10天防治1次，连续施用2～3次。

## 73 如何防治辣椒细菌性叶斑病？

（1）**危害症状**。由丁香假单胞杆菌引起的细菌性病害。主要为害叶片，在田间点片发生。发病叶片初有黄绿色不规则水状小斑点，扩大后变成红褐色至铁锈色，病斑膜质，大小不等，干燥时病斑多呈红褐色（图5-12）。温湿度适宜时，常引起大量落叶，对产量影响较大，但植株一般不会死亡。

图 5-12　辣椒细菌性叶斑病（潘宝贵　提供）

（2）**防治方法**。①选用抗耐病品种。避免连茬或重茬，与非茄科作物实行轮作。施足底肥，培育壮苗，适时定植，膜下滴灌，及时通风降湿。②清水浸种10～12小时后，选用硫酸铜1％溶液浸种5分钟。选用50％琥胶肥酸铜可湿性粉剂拌种，用量为种子质量的0.3％。③发病初期，选用72％硫酸链霉素可溶粉剂4000倍液，或77％氢氧化铜可湿性粉剂400～500倍液，或50％琥胶肥酸铜可湿性粉剂500倍液，或14%络氨铜水剂300倍液，喷雾，每隔7～10天一次，视病情连续防治2～3次。

## 74 如何防治辣椒疮痂病？

（1）**危害症状**。由野油菜黄单胞菌辣椒斑点病致病型引起的细菌性病害。主要为害叶片、茎蔓、果实，尤以叶片上发生普遍。苗期发病，子叶上产生白色坏死小斑点，水渍状，后变为暗色凹陷病斑。如防治不及时，常引起全部落叶，植株死亡。成株期一般在开花盛期开始发病。叶片发病，初期形成水渍状、黄绿色的小斑点，扩大后变成圆形或不规则形，暗褐色，边缘隆起，中央凹陷的病斑，粗糙呈疮痂状（图5-13）。严重时叶片变黄、干枯、破裂，早期脱落。茎部和果梗发病，初期形成水渍状斑点，渐发展成褐色短条斑。病斑木栓化隆起，纵裂呈溃疡状疮痂斑。果实发病，形成圆形或长圆形的黑色疮痂斑。潮湿时病斑上有菌脓溢出。

**图5-13 辣椒疮痂病（王述彬 提供）**

（2）**防治方法**。①选用抗病品种。②与非茄科作物轮作，避免连作。由于辣椒种子可携带疮痂病病原菌，催芽前选用温汤浸种或1%硫酸铜溶液浸种。加强育苗期的管理，培育健壮幼苗，合理密植，定植后注意松土，追施磷、钾肥料，促进根系发育。改善田间通风条件，雨后及时排水，降低湿度。

及时清洁田园，清除枯枝落叶，收获后，集中烧毁病残体。③发病初期，选用72%硫酸链霉素可溶粉剂4000倍液，或硫酸链霉素·土霉素可湿性粉剂4000～5000倍液，或77%氢氧化铜可湿性粉剂500倍液，或60%琥铜·乙膦铝可湿性粉剂500倍液，或14%络氨铜水剂300倍液，喷雾防治，每7～10天防治1次，连续2～3次。

## 75　如何防治辣椒根结线虫病？

（1）**危害症状**。主要由南方根结线虫引起。病症发生在辣椒根部的须根或侧根上，病部产生肥肿畸形瘤状结，根结之上可生出细弱新根，并再度感染，形成根结状肿瘤。发病初期，地上部分的症状并不明显；一段时间后，植株表现叶片黄化，生育不良，结果少；在干旱或晴朗天气中午，感病植株萎蔫，并逐渐枯死。

（2）**防治方法**。①合理轮作，最好进行水旱轮作。春季作物收获后，利用夏季高温，每亩撒施生石灰75～100千克，深耕25厘米以上，灌足水，覆盖薄膜密闭大棚15～20天，利用高温杀死土壤中的线虫。②在大棚休闲期，整地，开沟，沟间距离15厘米，深度15厘米，用40%威百亩水剂3～5升，适量兑水稀释后将药液均匀喷洒于沟内，然后覆土压实，并覆盖地膜，密闭7天后揭开地膜，松土1～2次，可防治线虫，兼治病害、虫害、杂草等。也可选用98%棉隆颗粒剂，每亩用量7.5千克，沟施或撒施。

## 76　如何防治辣椒脐腐病？

（1）**主要症状**。辣椒脐腐病在果实脐部附近发生。果实表皮发黑，逐渐成水浸状病斑，病斑中部呈革质化，扁平状（图5-14）。有的果实在病健交界处开始变红，提前成熟。

（2）**发生原因**。辣椒脐腐病发病的主要原因是缺钙。①土壤酸化，尤其是沙性较大的土壤，钙含量不足，导致果实缺钙。②土壤盐渍化，土壤中可溶性盐类浓度高，辣椒根系对钙的吸收受阻。③土壤干旱、空气干燥、连续高温的情况下，水分供应不足，或者忽干忽湿，辣椒根系吸水受阻，导致果实失水，常导致脐腐果发生。

图 5-14　辣椒脐腐病（王述彬　提供）

（3）**防治方法**。①加强田间管理，保证水分与肥料的均衡供应，特别在初夏温度急剧上升时，注意保持土壤"见干见湿"的状态，田间浇水宜在早晨或傍晚进行。②在果实的膨大期，注意增施钙肥，可选用1%过磷酸钙浸提液，或氯化钙1000倍液，或硝酸钙1000倍液，叶面喷施。

## 77　如防治烟粉虱？

（1）**危害症状**。成虫或若虫主要群集在蔬菜叶片背面，以刺吸式口器吸吮植物汁液（图5-15）。被害叶片褪绿、变黄，植株长势衰弱、萎蔫，甚至全株枯死。棚室辣椒栽培，粉虱成虫和若虫均能分泌大量蜜露，污染叶片和果实，严重降低果实的商品性；蜜露堵塞气孔，影响叶片的光合作用，常常导致减产10%～30%，严重时绝收；粉虱还可传播病毒病。

（2）**防治方法**。①育苗前，对苗床进行药剂消毒，熏蒸消灭残余虫口，消除杂草、残株，减少中间寄主，通风口增设防虫网，培育"无虫苗"。②利用粉虱的趋黄性，每亩悬挂30～40块黄色诱虫板诱杀成虫。③利用人工释放丽蚜小蜂、中华通草蛉等天敌防治粉虱。④发生初期，选用17%氟吡呋喃酮可溶液剂3000～4000倍液，10%吡虫啉可湿性粉剂2000倍液，或5%啶虫脒可湿性粉剂2000倍液，或5%噻虫嗪水分散粒剂5000～6000倍液，喷雾，每隔5～7天防治1次，连续防治3～4次。棚室栽培，每亩选用20%异丙威烟剂150～250克，熏蒸防治，同时可防治蚜虫、蓟马等。

图 5-15　烟粉虱危害辣椒（王述彬　提供）

## 78　如何防治蚜虫?

（1）**危害症状**。成蚜和若蚜群居在叶背、嫩茎和嫩尖为害，吸食汁液，分泌蜜露，可以诱发煤烟病，从而加重为害，使辣椒叶片卷缩、幼苗生长停滞，叶片干枯甚至死亡。蚜虫是传染病毒的主要媒介。

（2）**防治方法**。①蚜虫的主要越冬寄主为木槿、石榴及田间杂草等，应彻底清除杂草。②利用蚜虫趋黄性，每亩悬挂30～40片黄色诱虫板诱杀（图5-16）；在田间悬挂银灰色塑料条或采用银灰色地膜覆盖，驱避蚜虫。③注意保护与利用七星瓢虫、草蛉、食蚜蝇等蚜虫的天敌。④发生初期，选用1.8%阿维菌素乳油3000倍液，或10%烯啶虫胺水剂2500倍液，或50%抗蚜威可湿性粉剂2000～3000倍液，或10%吡虫啉可湿性粉剂2000倍液，或5%啶虫脒可湿性粉剂2000倍液，或3%除虫菊乳油800～1000倍液，或5%顺式氯氰菊酯乳油5000～8000倍或液，喷雾，每隔5～7天防治1次，连续防治3～4次。

图 5-16 利用黄色诱虫板诱杀蚜虫（王述彬 提供）

**79** 如何防治蓟马？

（1）**危害症状**。以成虫和若虫锉吸枝梢、叶片、花、果实等幼嫩组织汁液，被害的嫩叶、嫩梢变硬卷曲枯萎，植株生长缓慢，节间缩短，幼嫩果实被害后会硬化，严重时造成落果，严重影响产量和品质。

（2）**防治方法**。①农业防治。加强田间管理，及时清除棚室内外的杂草、残叶，集中烧毁或深埋，减少害虫的越冬基数。②物理防治。蓟马对蓝色具有强趋性，可选用蓝色诱虫板进行诱杀，每亩悬挂 30 ～ 40 张。③生物防治。注意保护小花蝽、猎蝽、捕食螨、寄生蜂等生物天敌。④药剂防治。发生初期，选用 20% 丁硫克百威乳油 600 ～ 800 倍液，或 10% 吡虫啉可湿性粉剂 2000 倍液，或 5% 噻虫嗪水分散粒剂 1500 倍液，或 1.8% 阿维菌素乳油 3000 倍液，或 2.5% 多杀霉素悬浮剂 1000 ～ 1500 倍液，喷雾防治，注意叶背及地面喷雾，以提高防治效果。

**80** 如何防治烟青虫？

（1）**危害症状**。初孵幼虫群集危害，2 龄后逐渐分散取食叶肉，4 龄后进入暴食期，5～6龄幼虫占总食量的90%。幼虫咬食叶片、花、花蕾及果实，食叶成孔洞或缺刻，严重时可将辣椒整株危害成光杆（图5-17）。

**图 5-17　青虫危害辣椒叶片（潘宝贵　提供）**

（2）**防治方法**。①利用成虫的趋光性、趋化性进行诱杀。采用黑光灯、频振式杀虫灯诱蛾，也可用糖醋液诱杀。②人工捕杀。利用成虫产卵成块，初孵幼虫群集为害的特点，结合田间管理进行人工摘卵和消灭集中为害的幼虫。③在幼虫初孵期，选用1%甲维盐乳油1000倍液，或100亿个芽孢/毫升苏云金杆菌悬浮剂200～300倍液，每隔7～10天喷施1次，连续防治2～3次。

## 81　如何防治茶黄螨?

（1）**危害症状**。以成螨和幼螨集中在植株幼嫩部位刺吸为害。受害叶片背面呈灰褐色或黄褐色，有油浸状或油质状光泽，叶缘向背面卷曲（图5-18）。受害嫩茎、嫩枝变黄褐色，扭曲畸形，茎部、果柄、萼片及果实变为黄褐色。受害的果脐部变黄褐色，木栓化和不同程度龟裂，裂纹可深达1厘米，种子裸露，果实味苦而不能食用。受害严重的植株矮小丛生，落叶、落花、落果，不发新叶，造成严重减产。

（2）**防治方法**。①搞好冬季棚室内茶黄螨的防治工作，铲除田间杂草，及时清除枯枝败叶，减少越冬虫源。②利用尼氏钝绥螨、德氏钝绥螨、具瘤长须螨、小花蝽等天敌防治茶黄螨。③螨虫存在着世代交替现象，在发生初期，选用15%哒螨灵乳油2000～3000倍液，或5%噻螨酮乳油1500倍液，或73%炔螨特乳油2000倍液，喷雾，重点是植株上部，尤其是嫩叶背面、嫩茎部分，每隔7～10天防治1次，连续防治3～4次。

图 5-18　螨虫危害辣椒叶片（潘宝贵　提供）

## 82　如何区分辣椒病毒病和螨虫危害？

辣椒病毒病和螨虫危害症状有相似之处，都表现为叶片变小、皱缩、卷曲、畸形，极易混淆，但发病症状还是有细微差异，成因及防治措施截然不同（表5–1）。

表 5-1　辣椒病毒病危害和螨虫危害的区别

|  | 病毒危害 | 螨虫危害 |
|---|---|---|
| 成因 | 由PMMoV、CMV、BBWV、TEV、TSWV等病毒引起 | 主要由茶黄螨引起 |
| 主要症状 | 叶片上形成浓绿与淡绿相间的斑驳，叶片皱缩、卷曲，植株畸形，生长严重受阻，有的虽能开花结果，但果很小 | 叶片的背面变成黄褐色，好像长了一层"锈"，类似被锈壁虱为害的柚子皮，且叶片增厚、油渍状 |
| 防治措施 | 通过农业措施促进植株健状生长，同时采用寡糖·链蛋白、吗呱·乙酸铜等防控 | 隔离前茬及周边虫源，选用哒螨灵、噻螨酮等药剂防控 |

**如何区分辣椒主要真菌性病害和细菌性病害？**

辣椒生长发育期，常常会出现多种病害，除病毒病、根结线虫病外，主要为真菌性病害和细菌性病害两大类，他们的主要症状均表现为腐烂、坏死、枯萎、死亡等，发病症状较为相似。

在辣椒实际生产中，可通过"望"病斑霉层物、"闻"病症部位气味、"切"病症部位等方法，区分是真菌性病害还是细菌性病害，以便对症用药（表5-2）。

表 5-2　辣椒真菌性病害和细菌性病害的主要区别

|  | 真菌性病害 | 细菌性病害 |
| --- | --- | --- |
| 主要症状 | 坏死、腐烂和萎蔫，少数畸形 | 疮痂、坏死、腐烂、青枯等 |
| 病斑霉层物 | 一般会出现霉层物，白粉层、霜霉层、菌核、棉絮状物、颗粒状物 | 病斑上没有霉层物 |
| 特殊气味 | 染病部位没有臭味产生 | 染病部位常有臭味 |
| 常见病害 | 辣椒疫病、根腐病、灰霉病等 | 辣椒青枯病、叶斑病、疮痂病等 |

**84　如何区分辣椒叶片缺素症？**

（1）**缺氮**。植株生长不良，不发棵，植株矮小，分枝直立性差，植株开张角度加大，叶片变小，下部老叶首先黄化，落花、落蕾、落果、落叶严重，坐果少，果实小。缺氮严重时，植株生长停止，叶色变褐，植株甚至死亡。

（2）**缺磷**。幼苗缺磷，植株表现矮小，叶色深绿，植株由下向上出现落叶，叶尖变黑枯死，生长停滞。成株缺磷时，植株矮小，叶背多带紫红色，茎细、直立，分枝少，结果和成熟都发生延迟。

（3）**缺钾**。主要表现在开花结果后，开始下部叶尖出现发黄，然后沿着叶缘的叶脉间出现黄色斑点，叶缘逐渐干枯，并向内扩展至全叶出现灼伤状或坏死状，果实也开始变小。缺钾的症状是从老叶向新叶、从叶尖向叶柄发展。

（4）**缺钙**。多发生在植株幼嫩及代谢旺盛的部分。缺钙时，叶尖和叶缘部分黄化，部分叶片的中肋突起，茎生长点畸形或坏死，根尖坏死，根毛畸形。果实易发生脐腐病或僵果。

（5）**缺镁**。首先出现在中下部的叶片。缺镁时，叶片会变成灰绿色，叶脉间发生黄化，茎基部叶片脱落，植株矮小，果实稀疏，发育不良。

（6）**缺硼**。叶片皱缩、卷曲，老叶叶尖黄化，主脉红褐色，叶脆，根系不发达，植株矮小，生长点畸形、萎缩、坏死，花器发育不全。果实畸形，果面有分散的暗色或干枯斑，果肉出现褐色下陷和木栓化。

（7）**缺锌**。首先出现在上部叶片上，表现为叶脉间失绿、黄化、生长停滞，叶缘扭曲或褶皱，茎节缩短，叶片变小，形成小叶丛生。植株矮小，易感染病毒病。

## 85 辣椒田间的杂草如何控制？

无论是棚室辣椒生产，还是露地辣椒生产，若管理不到位，很容易造成田间杂草蔓生，导致辣椒生产环境恶化，病虫害发生加重。田间杂草类型较多，主要有禾本科杂草、阔叶杂草、莎草等。

（1）**合理密植**。适当增加辣椒的定植密度，采用壮苗定植，缓苗结束后适当控制水、肥，促进植株健壮生长，早活棵、早封行，缩小田间杂草生长的空间。

（2）**中耕除草**。①对于不采用地膜覆盖栽培的生产方式，在植株缓苗活棵后至植株封行后，结合中耕培土，除草 2 ～ 3 次，有利于根系的生长。②定期清除棚室内外的杂草，保持棚室整洁。

（3）**地膜覆盖**。①选用黑色地膜、银灰双色地膜等，进行地膜覆盖栽培。②覆盖地膜时，除覆盖整个畦面外，两侧外延 20 ～ 30 厘米至畦沟，四周用土块压实。辣椒植株缓苗活棵后，用细土封严地膜上的定植孔。

（4）**药剂防控**。①定植前，选用 33% 二甲戊灵乳油、96% 精异丙甲草胺等，喷雾，均匀处理畦面。②开花结果前，选用辣椒专用的除草剂，如 10% 精喹禾灵乳油、25% 砜嘧磺隆水分散粒剂等，禾阔双杀。③注意要严格按照产品说明书要求使用，注意药剂使用的时期、浓度、方法等，以防产生药害。

## 86　辣椒病害检索表？

A1．幼苗发病

  B1．茎基部水浸状软腐，缢缩成线状，幼苗倒伏················ 猝倒病

  B2．茎基部褐色坏死、横向缢缩成一圈，幼苗站立而枯死······ 立枯病

  B3．幼茎和幼叶青褐色、软腐，着生灰色霉层················ 灰霉病

  B4．幼根发育不良，锈褐色，易于拔出······················ 沤根病

A2．成株发病

  B1．叶部发病

    C1．产生病斑

      D1．病斑圆形或不规则形，边缘深褐色，中部枯黄色，上
生黑色粒状物·········································· 白星病

      D2．病斑圆形或不规则形，褐色，周缘明显，可产生黑色
粒状物 ·············································· 炭疽病

      D3．病斑近圆形或不规则形，褐色，边缘略隆起 ········· 疮痂病

      D4．病斑圆形，褐色，具明显的轮纹，表面生黑褐色霉层 ··· 早疫病

    C2．形成花叶，产生浓淡绿色相间的斑驳 ·············· 花叶病

  B2．茎秆发病

    C1．枝杈处产生褐色不规则病斑，产生灰白色霜粉状霉层 ··· 疫病

    C2．茎基部产生白色菌丝及菜籽状菌核 ················ 白绢病

  B3．果实发病

    C1．病果软腐

      D1．表面密生白色霉层 ······························· 绵疫病

      D2．表面密生白色霜粉状霉层 ························· 疫病

    C2．产生病斑

      D1．病斑褐色，凹陷，呈同心轮纹状，轮生黑色粒状物 ··· 炭疽病

      D2．病斑多角形，深褐色，可溢出菌脓 ················ 疮痂病

      D3．不规则的大型斑块，黑色，凹陷，病部较硬 ········ 脐腐病

      D4．不规则的大型斑块，黄白色，在向阳面产生，皱缩
下凹 ·············································· 日灼病

B4．全株发病

    C1．叶片色泽淡绿，维管束变褐色，全株枯萎 ………… 青枯病

    C2．根部褐色腐烂，全株枯死 ……………………… 根腐病

    C3．茎基部产生白色菌丝及菜籽状菌核 …………… 白绢病

    C4．地上部发育不良，根部产生许多瘤状物 ………… 根结线虫

# 第六章

## 辣椒产品收获与贮运

### 87 辣椒如何采收?

辣椒定植30～40天后，当果实充分膨大、表面具有光泽时，即可采收上市。前期低温阶段，自开花到商品果采收一般需25～30天；在适温条件下，开花后15天果实即可采收。

（1）采收原则。①通过采收调整植株长势。对生长势较弱的植株，门椒和对椒要适当提前采收，以防坠棵，有利于植株正常生长及中后期结果；对生长势较强的植株，适当延收，避免植株生长过旺，不利于植株持续开花结果。②早收、勤收。辣椒具有持续开花结果的特性，进入盛果期后，根据市场行情走向，及时采收上市，争取最大的经济效益。

（2）采收方法。①人工采收。对于棚室辣椒栽培，通常采用人工采摘方法。采收时，注意操作要轻，以免碰伤、碰断枝条，影响植株开花结果（图6-1）。

图 6-1　大棚春提早栽培辣椒采收（王述彬　提供）

②机械采收。对于露地辣椒栽培，特别是露地加工辣椒栽培，可以采用机械采收，采收效率大大提高，生产成本大大降低，可有效促进辣椒产业的提质增效。

### 88　鲜辣椒产品如何分级?

根据NY/T 944—2006《辣椒等级规格》，鲜辣椒产品要求新鲜、果面清洁、无杂质、无虫、无病虫损伤、无异味，在此基础上将鲜辣椒产品分为特级、一级和二级。

（1）**特级**。外观一致，果梗、萼片和果实呈该品种固有的颜色，色泽一致；质地脆嫩；果柄切口水平、整齐（仅适用于灯笼形）；无冷害、冻害、灼伤及机械损伤，无腐烂（图6-2）。

图6-2　辣椒的分级（王述彬　提供）

（2）**一级**。外观基本一致，果梗、萼片和果实呈该品种固有的颜色，色泽基本一致；基本无绵软感；果柄切口水平、整齐（仅适用于灯笼形）；无明显的冷害、冻害、灼伤及机械损伤。

（3）**二级**。外观基本一致，果梗、萼片和果实呈该品种固有的颜色，允许稍有异色；果柄劈裂的果实数不应超过2%；果实表面允许有轻微的干裂缝及稍有冷害、冻害、灼伤及机械损伤。

## 89 干红辣椒质量如何分级?

根据NY/T 3610—2020《干红辣椒质量分级》，干红辣椒要求大小基本均匀，具有该品种固有的形状、色泽和气味，表皮洁净，无异味；无腐烂变质，无可见外来杂质；水分含量≤14%。在此基础上，将干红辣椒分为特级、一级和二级（表6-1）。

表 6-1　干红辣椒质量分级

| 项目 | 特级 | 一级 | 二级 |
|------|------|------|------|
| 色泽 | 鲜红或紫红色，果面色泽一致，有光泽 | 鲜红或紫红色，果面色泽一致，有光泽 | 红色或紫红色，果面色泽较一致，光泽暗淡 |
| 气味 | 香辣味浓郁 | 香辣味一般 | 略带香辣味 |
| 整齐度 | 非常整齐 | 比较整齐 | 整齐 |
| 不完善椒总量 | ≤ 4.5% | ≤ 8% | ≤ 12% |
| 霉变椒 | 无 | 无 | 无 |
| 异品种椒 | 无 | ≤ 0.5% | ≤ 1% |
| 杂质 | 不允许有外来杂质，固体杂质≤ 0.5% | 不允许有外来杂质，固体杂质≤ 1% | 不允许有外来杂质，固体杂质≤ 2% |

注：不完善椒包含黄梢椒、花壳椒、虫蛀椒、黑斑椒、不成熟椒、断裂椒等。

## 90 怎样进行红椒活体保鲜?

（1）**整枝打杈**。及时摘除门椒、对椒，及时除去果实下部的老、病、黄叶和生长细弱的侧枝。红椒栽培保留每株12～15个果实，及时去掉生长点，促进果实的发育。

（2）**控温控湿**。①田间管理以保温为主，当果实定形、气温下降时，要及时加盖二层膜（必要时加盖三层膜）、保温被、草帘等保温，晴天棚温保持在18～22℃，阴天二层棚内温度保持在5℃以上。若需延迟采收，注意控制温度，以延长辣椒果实的转红时间。②注意保持田间湿度，做到膜下见干小水暗灌，保证植株叶片不萎蔫即可。

（3）遮阳保果。如果红椒需要延长至翌年 3 ～ 4 月上市，在阳光强烈的天气，可覆盖遮阳网，延长红椒在植株上的时间。在此期间，根据市场行情，及时采收上市。

（4）病害防控。①注意控制土壤湿度和空气湿度，避免辣椒疫病、灰霉病、白粉病等病害发生。②选用 45% 百菌清烟剂进行烟熏，防治辣椒病害，延长红椒的保鲜期。

## 91 新鲜辣椒产品应如何贮藏？

（1）简易贮藏。有沙藏法、缸藏法、架藏法、窖藏法等贮藏方法，可根据实际情况选用。①沙藏法。选用木箱、竹筐等容器，或挖坑、挖沟，或用砖块拱建贮藏空间；选用干净湿沙（手捏不成团），在底部铺设一层厚度 3 ～ 5 厘米的细沙，将鲜辣椒按序排好，再撒一层细沙盖住辣椒，这样逐层加码，最后在顶层覆盖一层厚度 5 ～ 6 厘米的细沙密封。②缸藏法。选用 0.5% ～ 1% 的漂白粉溶液，对瓦缸进行消毒。挑取无病虫害的辣椒果实，逐层装入缸内，最后用牛皮纸封住缸口，并将缸放在阴凉处进行辣椒贮藏。如果气温比较低，在缸的四周用草袋围上或埋土，以保持适宜的温度。

（2）冷库贮藏。①辣椒贮藏的适宜温度因品种类型而异，一般甜椒为 8 ～ 10℃，辣椒可在 3 ～ 5℃下贮藏。②相对湿度甜椒以 85% ～ 90% 为宜，辣椒保持 65% ～ 75% 为宜。③辣椒在成熟过程中有乙烯产生，对贮藏环境中积累的乙烯等化学物质要尽量排除，贮藏环境应有较好的通风条件。④进行果实病害的预防，及时清除贮藏过程中的烂果、病果。⑤做好灭鼠、防虫等工作。

## 92 如何进行辣椒的包装？

按照 NY/T 944—2006《辣椒等级规格》要求，辣椒产品的包装应符合以下要求。

（1）**包装要求。** 同一包装箱内，应为同一等级和同一规格的产品，包装内的产品可视部分应具有整个包装产品的代表性。

（2）**包装方式。** 产品整齐排放。视体积大小，码放2～3层（灯笼形）或4～5层（羊角形、牛角形、圆锥形）。

（3）**包装材质。** 纸箱包装。瓦楞纸箱应符合GB 6543要求。纸箱无受潮离层、污染、损坏、变形现象，纸箱上留有通气孔（图6-3）。

图6-3 辣椒纸箱包装（王述彬 提供）

（4）**净含量要求。** 每个包装单位净含量10千克以下时，允许负偏差≤5%；每个包装单位净含量10～15千克时，允许负偏差≤3%。

（5）**限度范围。** 每批受检样品不符合等级、规格要求的允许误差按所检单位的平均值计算，其值不应超过规定的限度，且任何所检单位的允许误差值不应超过规定值的2倍。

（6）**标识。** 包装箱上应有明显标识，内容包括产品名称、等级、规格、产品标准编号、生产单位及详细地址、产地、净重、采收日期、包装日期。若需冷藏保存，应注明保藏方式。标注内容要求字迹清晰、规范、准确。

## 93 辣椒的运输标准有哪些？

辣椒运输过程中应该严格执行国家关于辣椒运输的标准，严格保持辣椒运输时需要的环境条件，要防止果实产生机械损伤，避免侵染病菌，同时还需要注意防冻、防雨淋、防晒及通风等事项。

辣椒在运输前要事先进行预冷，将田间携带的热量除去，从而降低果实内部的温度，降低果实的代谢速度，防止腐烂，保持果实的良好品质。预冷应在预冷库里面，预冷库保持在3～5℃，将封好的菜箱放置在差压预冷通风设备前，使菜箱有孔的两面垂直于进风风道，并对齐每排箱的开孔。

风道两侧的菜箱要码放平整，顶部和侧面要码齐，差压预冷通风设备的大小决定着一次预冷量的多少。菜箱码好后将通风设备上部的帆布打开盖在菜箱上，帆布要贴近菜箱垂直放下，防止漏风。打开差压预冷的通风系统对辣椒产品进行预冷。

一般经过5～6小时的预冷，产品就可以达到8～10℃，预冷数小时就可以装车运输。如果不能及时运输产品，可以将菜箱放在温度为6～10℃、空气相对湿度为85%～90%的冷库中贮存3～5天。

**辣椒加工产品主要有哪些类型？**

辣椒加工产品主要有干辣椒、辣椒粉、辣椒片、辣椒脯、辣椒酱、泡辣椒、剁辣椒，精深加工产品有辣椒精、辣椒素、辣椒红色素。

（1）**干辣椒**。又称作辣椒干、干制辣椒、制干辣椒等，以红辣椒为原料，经过自然干制或人工干制而成的辣椒产品，其含水量低、适合长期保藏，主要用作调味食料。

（2）**辣椒粉**。是指以干辣椒为原料，碾碎成粉末状的辣椒产品。

（3）**辣椒酱**。是指采用辣椒、蒜、姜、糖、盐等原料，经发酵而成的辣椒产品，如湖南剁椒酱、四川豆瓣酱、重庆油辣子等。

（4）**辣椒精**。是从辣椒中提取、浓缩而得的一种产品。辣椒精包含辣椒素、辣椒醇、蛋白质、果胶、多糖、辣椒红色素等多种成分，具有强烈的辛辣味，常被用来制作食品调料。

（5）**辣椒素**。主要包括辣椒素（69%）、二氢辣椒素（22%）、降二氢辣椒素、高辣椒素Ⅰ、高二氢辣椒素Ⅰ、壬酰香莫兰胺、辛酰香莫兰胺、癸酰香莫兰胺等。辣椒素具有广泛的食用价值，具有抗炎、抗癌、抗肥胖、抗疲劳等药用功能。

（6）**辣椒红素**。是从成熟红辣椒果实中提取的四萜类天然色素物质。辣椒红色素色泽鲜艳、色价高、着色力强、保色效果好、安全性高，广泛用于食品工业。

## 95 辣椒干制的方法有哪些？

（1）自然干制。①红椒采收后，用线绳在果柄上打结，挂成一串一串，晾在通风处，无阳光直射，无雨水淋湿的室内或屋檐下自然风干。②在阳光充足时，可将红椒均匀平铺于平整、干净卫生院坝、屋顶、席箔上，日晒夜收。注意在平铺辣椒和收辣椒时，不可用尖锐的铁锹铲辣椒，特别是在辣椒干制后期，防止干椒破碎，影响外观商品性。

（2）人工干制。使用烘箱或者烘房进行红椒干制。人工干制一般第一阶段60～70℃烘10小时，第二阶段50～60℃，烘10小时，最后阶段45～50℃，直至烘干（图7-1）。整个过程注意通风排湿，随时观察烘干情况，严禁高温、高湿、快速烘干，影响干椒品质。

图7-1 辣椒产品干制（王述彬 提供）

## 96 如何制作辣椒豆瓣酱？

辣椒豆瓣酱是川菜的主要调味品，主要由辣椒、甜豆瓣和盐混配后经过翻晒制作而成（图7-2）。主要制作步骤如下：

图7-2  辣椒豆瓣酱发酵加工（宋占锋  提供）

**（1）瓣子的制作。**精选产自云南、四川、江苏的蚕豆，晒干后去壳分成两瓣。①制曲。用85℃水浸泡蚕豆1.5分钟，捞出放于35℃温水中继续浸泡10分钟，捞出蚕豆与20%的面粉、0.02%的米曲霉素混合均匀，放于簸箕中，置于30～38℃、80%以上湿度的环境2～3天，完成制曲。②发酵。将制曲后的瓣子放入盆内，加入浓度在24%～26%的盐水，刚好淹埋瓣子，开始发酵。发酵时间一般要求1年以上，为成品瓣子，其每100克氨基态氮含量达0.7毫克，盐分12%左右。

**（2）准备辣椒。**精选无病虫害、无霉变、全红的新鲜四川产二荆条辣椒，脱帽并清洗，然后晾干，剁成10～16毫米大小的辣椒酱待用。

**（3）制作过程。**将剁碎的辣椒酱35千克放入晒缸内，然后加入15千克瓣子、4.5千克盐混合均匀，放在太阳下晒制；晒制期间每天早上翻一次，8点左右翻晒适宜；雨天防止雨淋，同时防止飞虫落入晒缸内；翻晒时间久得豆瓣酱会变干，可加适量饮用水。翻晒6个月以上的豆瓣酱为半成品，亦可食用，但翻晒1年半以上的豆瓣酱食用更佳，可达一级豆瓣标准。

**（4）成本豆瓣酱标准。**颜色深红褐色、入口化渣、酱香味浓郁。

## 97 如何制作辣椒泡菜?

（1）**工艺流程**。泡菜坛的准备、原料选择及处理、配制泡菜盐水→入坛泡制→发酵酸化→成品。

（2）**技术要点**。①泡菜坛的准备。将泡菜坛洗涮干净，装满沸水，杀菌10分钟，控干，备用。②原料选择。选择肉质肥厚、胎座小、硬度好、无虫害、无疤痕的辣椒为原料。③原料处理。将挑选好的辣椒用清水冲洗3～4次，洗净泥沙和杂质，控干表面的水分。④配制盐水。按水重加入6%～8%食盐、2.5%白酒、2.5%黄酒、3%白糖、1%干姜片、1%大蒜瓣，加入0.1%八角、0.1%花椒、0.1%甘草、草果、橙皮等香料包。⑤入坛泡制。将处理好的原料装入坛内，要装得紧实，装入半坛时，将准备好的香料包放入坛内，然后继续装坛直到离坛口6～8厘米为止。用竹片卡住，盐水要将原料充分淹没。然后盖好坛盖，并在坛口水槽中加注盐水，形成水封口。⑥发酵、酸化。将泡菜坛置于阴凉处任其自然发酵。如室内温度在15～20℃的条件下，约10～15天即可开坛取食。⑦成品。优质的辣椒泡菜应该是清洁卫生、香气浓郁、质地清脆，含盐2%～4%，含酸0.4%～0.8%，保持辣椒原有颜色，酸、甜、咸、辣适口。

## 98 如何制作辣椒脆片?

（1）**工艺流程**。原料选择及处理→护色、硬化→浸渍→沥干→油炸→脱油→冷却→包装→成品

（2）**技术要点**。①原料选择。选用八至九成熟无腐烂、无虫害、个大、肉质肥厚、胎座小的新鲜辣椒为原料。②原料处理。将辣椒充分洗涤，然后纵切两半，挖去内部的瓤、籽，用清水冲洗、沥干，再切成长3厘米、宽1.5～2厘米左右的长方形的切片。③护色、硬化处理。将切片放入0.5%的氢氧化钙溶液中浸泡2小时，进行硬化和护色处理。④浸渍。将切好的椒片放入糖液中浸糖，糖液采用25%的白糖、3%的食盐及少量的味精和香料混合而成，时间3～4小时。⑤沥干。用水把附在椒片表面的糖液冲去，沥干。⑥油炸。炒勺

内放生油，烧至七八成熟，将椒片放入进行炸制，炸制时应注意火候，并且需不断翻动。待椒片表面的泡沫全部消失，捞出。⑦脱油。将椒片表面的油控干，也可用离心机除去多余的油分。⑧冷却。将脱油后的椒片冷却至40℃左右。⑨包装。按片形大小、饱满程度及色泽分选，合格者可采用真空包装。

## 99 如何加工辣椒素？

（1）**溶剂萃取法**。采用石油醚、乙醇、丙酮等单一溶剂或混合溶剂，将辣椒粉常温搅拌、浸取、过滤数次，滤渣脱溶剂后可作为饲料使用。滤液浓缩得到辣椒树脂，用65%～75%的酒精在温热条件下搅拌后冷却静置分层，树脂状物质脱出残留溶剂后可得到辣椒红色素，溶有辣味素和其他杂质的稀酒精经浓缩蒸馏后可得到辣味素含量为6%～10%的辣椒精。

（2）**超临界萃取法**。在超临界萃取釜中加入小于20目的辣椒粉，在20～30兆帕，35～45℃，并加入10%～15%的酒精夹带剂的条件下，进行超临界二氧化碳萃取，可得到初提的辣椒精。一般萃取时间为2～3小时，提高二氧化碳流量可缩短萃取时间，且在分离器中得到辣味素含量较高的辣椒精。

（3）**微波法**。取适量干辣椒粉，置于聚四氟乙烯密封消化罐中，加入一定体积比的乙醇，密封，置于微波消解系统中，在120千帕的压力下萃取120秒，萃取液经离心过滤，得初提辣椒精。

## 100 如何加工辣椒红素？

辣椒红素提取法包含传统和现代两类方式，传统方法主要为依托辣椒红素的理化性质直接进行浸提；而现代提取法包含微波、酶辅助、超临界二氧化碳提取法等相关技术。

（1）**溶剂提取法**。是根据辣椒红素的溶解性，利用有机溶剂直接浸提辣椒得到目标产物，表现为将辣椒纤维组织中的色素及其他脂溶性成分，通过有机溶剂进行溶解、内扩散，到达液固表面，再通过外扩散溶入提取液中，进而分离得到目标产物的方式。采用有机溶剂提取辣椒红素通常有浸渍法、渗漉法、回流提取法、索氏提取法等方法。将去除坏椒、梗、籽的干辣椒磨成粉后，用有机溶剂（丙酮、乙醚、氯仿、三氯乙烷、正己烷等）进行浸提，将浸提液浓缩得到初辣椒油树脂，减压蒸馏得产品。

（2）超临界二氧化碳萃取法。是使用高于临界温度、临界压力的二氧化碳流体作为溶媒的萃取过程。超临界流体萃取是一种新型的化工分离技术，关键是了解超临界流体的溶解能力及随诸多因素影响的变化规律。此技术工艺简单，能耗低，萃取溶剂无毒、易回收，所得产品具有极高的纯度，残留溶剂符合食品安全要求。

# 参 考 文 献

程杰，2020. 我国辣椒起源与早期传播考[J]. 阅江学刊，12（3）：103-126.

高志奎，2002. 辣椒优质丰产栽培原理与技术[M]. 北京：中国农业出版社.

潘宝贵，王述彬，刘金兵，等，2013. 辣椒高效生产新模式[M]. 北京：金盾出版社.

苏丹，胡明文，宋拉拉，2018. 贵州干制辣椒生产技术[J]. 农技服务，35（4）：19-26.

王久兴，2008. 无公害辣椒安全生产手册[M]. 北京：中国农业出版社.

吴艳阳，陈开勋，邵纪生，2004. 辣椒素的制备工艺及分析方法[J]. 化学世界，（4）：
218-221.

翟广华，2012. 无公害辣椒土法储藏技法多[J]. 科学种养，（10）：57.

张嘉园，辛鑫，邢泽农，等，2019. 辣椒红素相关研究进展[J]. 现代农业科技，（12）：209-
210.

邹学校，马艳青，戴雄泽，等，2020. 辣椒在中国的传播与产业发展[J]. 园艺学报，2020，
47（9）：1727-1740.

邹学校，2009. 辣椒遗传育种[M]. 北京：科学出版社.

# 后　记

　　在江苏省农业科学院成果转化处的组织安排下，江苏省农业科学院蔬菜研究所辣椒研究方向组织业务骨干，筛选与江苏辣椒产业紧密关联的100个问题，精心撰写，并邀请同行专家审阅，经数次修改完善，至2020年10月底定稿，前后历时约半年的时间。

　　在编写过程中，感谢以下同行专家为本书提供了部分品种说明和照片：陈斌（北京市农林科学院蔬菜研究中心），陈文超（湖南省蔬菜研究所），黄启中（重庆市农业科学院蔬菜花卉研究所），宋文胜（新疆天椒红安农业科技有限责任公司），宋占锋（四川省农业科学院园艺研究所），王立浩（中国农业科学院蔬菜花卉研究所），王兰兰（甘肃省农业科学院蔬菜研究所），严立斌（河北省农林科学院经济作物研究所）。

　　2020年10月21日，受江苏省农业科学院邀请，中国农业出版社张丽四同志在南京做了专题报告，对本书的编写进行了培训与指导，在此表示衷心感谢。

　　对于本书编著、出版人员付出的辛勤劳动，在此一并表示感谢。